术道无疆

吴舟 ◎ 编著

哈尔滨出版社

图书在版编目（CIP）数据

术道无疆 / 吴舟编著 . — 哈尔滨：哈尔滨出版社，
2025.7.— ISBN 978-7-5484-8540-7

Ⅰ.B825-49

中国国家版本馆 CIP 数据核字第 2025ZR0668 号

书　　名：**术道无疆**
　　　　　SHUDAO WUJIANG

作　　者：吴　舟　编著
责任编辑：孙　迪
封面设计：王　辉
内文排版：王　丹

出版发行：哈尔滨出版社（Harbin Publishing House）
社　　址：哈尔滨市香坊区泰山路 82-9 号　邮编：150090
经　　销：全国新华书店
印　　刷：三河市天润建兴印务有限公司
网　　址：www.hrbcbs.com
E-mail：hrbcbs@yeah.net
编辑版权热线：（0451）87900271　87900272
销售热线：（0451）87900202　87900203

开　　本：710mm×1000mm 1/16　印张：12.5　字数：200 千字
版　　次：2025 年 7 月第 1 版
印　　次：2025 年 7 月第 1 次印刷
书　　号：ISBN978-7-5484-8540-7
定　　价：49.80 元

凡购本社图书发现印装错误，请与本社印制部联系调换。
服务热线：（0451）87900279

目 录

第一章 一个人的道行

一、一技之长 …………………………………… 002

1. 人无我有，实现从 0 到 1 …………………………… 002
2. 人有我全，别人追不上的价值 ……………………… 006
3. 人全我优，追求卓越的品质 ………………………… 009
4. 人优我新，创新才能真正破局 ……………………… 012
5. 通才佐辅之必要性 …………………………………… 015
6. 才干领域之木桶效应 ………………………………… 017
7. 放低姿态，虚怀若谷 ………………………………… 021

二、有章法 ……………………………………… 025

1. 要有自己的价值标准体系 …………………………… 025
2. 标准是行事的准则依据 ……………………………… 028
3. 不是所有的规则都能用来打破 ……………………… 031

4. 思路清晰事才顺 ··· 034
　　5. 理性，成大事的关键要素 ································· 037
　　6. 顺时而动，顺势而为 ······································ 040
　　7. 大成就是很多小成功的积累 ······························ 043

三、江湖能力 ·· 047
　　1. 吃得开的处世智慧 ··· 047
　　2. 有德行才能赢尊重 ··· 051
　　3. 用霸气压人而非脾气 ······································ 054
　　4. 财散人聚的豪气 ··· 057
　　5. 用正气吸引同道中人 ······································ 061
　　6. 用义气将人长久留住 ······································ 064

第二章　率性为道

一、务本 ··· 069
　　1. 当"本"成为消费主义的祭品 ··························· 069
　　2. 解构人本叙事 ·· 072
　　3. 重新认识务本 ·· 075
　　4. 祛魅的方法论 ·· 079
　　5. 本真性的拓扑学革命 ······································ 082

二、自省 ··· 086
　　1. 意识形态中的差序格局 ··································· 086
　　2. 生活之雅与生命之俗 ······································ 090
　　3. 精神之足的稳着陆 ··· 093
　　4. 低头拉车与抬头看路 ······································ 097

5. 与自我的高级对话 …………………………………… 99
6. 空杯心态——归零 …………………………………… 102

三、从善 …………………………………………………… 106

1. 曾仕强的智慧：道德修养的定数 …………………… 106
2. 道德经的启示：天道常佑善人 ……………………… 108
3. 行善，从三件小事开始 ……………………………… 111
4. 辨别身边的真善与伪善 ……………………………… 114
5. 凭良心：为人处世的根本 …………………………… 117
6. 诸恶莫作：善良的行为准则 ………………………… 120
7. 真正的善良，必带锋芒 ……………………………… 123
8. 做人留一线，日后好相见 …………………………… 126

四、慎独 …………………………………………………… 129

1. 自律：内心的道德法庭 ……………………………… 129
2. 断联：与数字化时代切割 …………………………… 132
3. 独行：与天地精神往来 ……………………………… 135
4. 知止：无限的扩张与奔劳 …………………………… 138
5. 慎独四法：静、思、省、定 ………………………… 140

第三章　与谁同行

一、与高人同行 …………………………………………… 145

1. 高人的智慧 …………………………………………… 145
2. 你身边的高人决定了你是谁 ………………………… 147
3. 拓宽人生的边界 ……………………………………… 151
4. 突破认知局限 ………………………………………… 155

5. 经验是人生的馈赠 159

二、与智者同行 163

1. 智者与普通人最大的区别 163
2. 智者如何解决复杂问题 167
3. 与智者建立良好的关系 171
4. 垫得越高，看得越远 174

三、与同道者同行 178

1. 谁才是真正的同道者 178
2. 同道者助你实现目标 181
3. 处理分歧，相互激励 185
4. 寻找更多的同道者 188
5. 亦敌亦友的平衡 191

第一章　一个人的道行

一、一技之长

1. 人无我有,实现从 0 到 1

上海弄堂里的早餐铺,老板每天凌晨 4 点开始准备豆浆油条。当互联网平台试图用标准化的中央厨房改造这个行业时,一家初创企业却从豆浆桶的温度控制切入,研发出能保持 68℃恒温的智能保温桶。需求中的裂缝都是未被看见的蓝海。这个看似微小的创新,让传统早餐铺的运营效率提升了 40%。需求裂缝往往存在于习以为常的生活场景中:外卖骑手头盔里的汗渍、医院走廊里找不到的充电插座、老年手机复杂的操作界面。

东京银座有些精品店正在尝试一种特别的购物方式，叫静默购物。简单来说，就是顾客不用和店员说话，戴上 AR 眼镜，就能看到各种商品的详细信息。比如衣服的尺码、材质，包包的颜色、价格，品牌的介绍，等等，一目了然。整个购物过程，顾客自己安安静静地挑选，不需要和任何人交流，就像在自己家里一样自在。

这种创新的购物模式，其实是商家观察到了现在很多人有社交焦虑。有些人不喜欢在购物的时候被店员一直跟着问东问西，觉得有压力，不自在。还有些人比较内向，不太擅长和陌生人交流，购物的时候会觉得尴尬。商家注意到这些人的困扰，就想出了静默购物这个办法，让这些有社交焦虑的人能轻松购物。

这靠的不是大数据分析，而是一种对生活的钝感力。不要总是被各种繁杂的信息干扰，要像人类学家一样，到一个新的地方，用心观察当地人怎么生活、怎么交流，从中发现一些不一样的细节。商家也可以像这样，观察人们在购物时的表现，发现那些容易被忽略的需求。同时，还要像心理学家那样懂得换位思考，去感受别人的情绪和想法。当顾客在购物的时候，心里在想什么，有什么担心或期待，商家要能体会到。商家只有把这些细节都做好了，才能满足顾客的需求。

真正的需求洞察需要穿透表象。当共享单车解决最后一公里问题时，更本质的需求是城市通勤的时间焦虑；当知识付费平台兴起时，深层需求是信息过载时代的认知安全感。那些能够解构需求本质的创新，往往能在大海中开辟出新航道。

在云南边陲的咖啡种植园，九零后农艺师将区块链溯源技术与少数民族的口传文化结合，创造出"会讲故事的咖啡豆"。每包咖啡附带的数字藏品都记录着种植者的歌声和采摘时的山间晨雾。这种创新不是技术的颠覆，而是文化基因与技术工具的重新编码。

价值重组的本质是认知升维，是旧元素的新排列。芬兰的幼儿园把数学课搬进森林，让孩子通过松果排列理解几何；北京的社区菜市场引入戏剧元素，让买菜变成沉浸式体验。这些创新都在打破固有的功能边界，在看似不相干的领域建立新的联系。

日本有个叫隈研吾的著名建筑师，做了一件有意思的事。许多建筑师都是设计房子的，传统木构建筑充满了自然气息和人文韵味，像古代那些用木头搭建的房子，每一处榫卯结构都透着古人的智慧。隈研吾就把这些独特的元素，比如木材的质感、结构的稳定性，融入数码产品里。结果，他设计出来的电子设备不再是那种千篇一律、毫无生气的样子，反而有一种独特的生命感，好像这些设备也有了自己的故事和灵魂。

夏末的某个工作日下午，工程师王磊正将茶包反复浸泡在杯里，茶汤已淡如清水却仍在续杯。"不是不想喝好茶，实在是等不起那套烧水洗杯的流程。"这句无心之语，像一记重锤敲在赵梧心头。

赵梧是一家茶企的产品设计总监，在武夷山茶园长大，骨子里浸透着传统茶道的基因。但连续三个月对北上广深200名白领的深度访谈，让他意识到：当代人不是不爱茶，而是被功夫茶烦琐的十二道工序吓退了脚步。茶水分离需要精确到秒，茶具摆放讲究方位格局，这些传承千年的仪式感，在快节奏的都市生活中成了难以承受的时间成本。

"我们要做茶道中的瑞士军刀。"在内部产品研讨会上，赵梧用马克笔在白板上画出核心公式：传统茶道精髓÷冗余步骤＝现代茶体验。设计团队从宋代点茶法中提炼出"温、量、冲、品"四字诀，将复杂流程压缩为三分钟。他们发现，办公室场景中最关键的痛点不是茶具精美度，而是操作的确定性与可控性。

经过37次打样测试的瞬享茶具套装最终成型：双层玻璃杯身解决烫手问题，磁吸式茶仓实现0.5秒精准分离茶汤，自带刻度的水壶消除称重步骤。最精妙的是配套研发的紧压茶饼，采用航空材料封装技术，每片恰好释放出最佳浓度的茶多酚。

首批试用装投放深圳科技园时，就发生了戏剧性的一幕。某互联网公司程序员误将茶仓当作U盘插口,这个意外却催生出防呆设计改进。正是这些真实场景中的意外,让赵梧团队不断完善产品细节:在杯盖增加环形呼吸灯提示冲泡进度,为茶饼设计指纹触感的开启凹槽,甚至在APP中加入同事拼单存茶功能。

市场反馈超出预期。产品上市首季,企业定制渠道销量突破50万套,茶水间摄像头记录的数据显示,使用该系统的白领平均每日饮茶频次提升2.3次。更让赵梧欣慰的是用户自发创造的场景延伸——某广告公司将茶道时间设为头脑风暴环节,成都的教师用它给学生演示物理中的流体力学。

"三分钟茶道不是对传统的背叛,而是打开了一扇旋转门。"在最新产品发布会上,赵梧展示着可降解茶饼包装上雕刻的《茶经》选段。这个曾获红点设计奖的案例证明:当文化传承不再执着于形式复刻,反而能在现代生活土壤中长出新的根系。

从0到1还需要通过持续进化,来创新生命的自我迭代。深圳大疆创新在无人机领域持续领先的秘诀,不是某个革命性产品,而是建立了持续创新的生态系统。他们像培育热带雨林般构建开发者平台,让每个参与者都能在生态中找到进化空间。这种开放式的创新机制,使技术进步呈现指数级增长。

创新能力的核心是组织的"变异基因"。谷歌允许员工用20%的工作时间研究自选项目,3M公司设定"15%规则"鼓励自主创新。这些制度设计不是福利,而是为偶然发现预留通道。好的创新机制应该像生物进化那样,既有遗传的稳定性,又具备变异的可能性。

在杭州的直播基地里,主播们正在试验"反向定制"模式:先收集粉丝需求再联系工厂生产。这种用户驱动的创新模式,正在重塑传统生产链条。当创新成为组织的呼吸节奏,每个岗位都能成为创意的发生源。

站在上海中心大厦118层的观光厅俯瞰，黄浦江两岸的新旧建筑交织成创新的交响曲。从外滩的万国建筑群到陆家嘴的摩天楼宇，每个时代都在用不同的方式诠释从0到1的真谛。真正的创新不是天降奇兵，而是在现实的土壤里长出新芽。当我们将目光从星辰大海收回，专注于脚下土地的细微颤动，那些真正改变生活的创新，正在某个未被注意的角落悄然生长。

2. 人有我全，别人追不上的价值

敏锐的人或许已经发现，系统化思维正在重塑传统行业。杭州的社区菜场已经引入智能菜篮系统，每个摊位都配备物联网秤具，消费者扫码即可获取食材溯源信息、营养搭配建议和烹饪教学视频。菜场管理方甚至联合社区医院开发饮食健康指数，把买菜行为转化成健康管理数据源。当竞争对手还在比拼菜品价格时，这里已经进化成生活服务平台。

上海某月子中心推出"生育全周期解决方案"，从孕前调理到产后修复，从育儿培训到家庭关系辅导，38项服务形成网状结构。其核心壁垒不在于某项服务特别突出，而在于各环节的精密咬合——就像瑞士钟表匠不会单独售卖齿轮，但组合起来的机芯却无可替代。

李明是北京中关村众多怀揣梦想的智能硬件创业者之一，他一心扑在智能手环的研发上，尤其专注于核心算法的优化。在他看来，先进的算法就是智能手环的核心竞争力，只要算法足够强大，就能在激烈的市场竞争中脱颖而出。于是，他带领团队日夜奋战，攻克了一个又一个技术难题，终于成功推出了自己的智能手环产品。

然而，现实却给了李明沉重的一击。产品上市后，市场反馈并不理想，用户的平均使用周期只有短短47天。经过深入的市场调研和用户反馈收集，他终于意识到，在如今这个竞争激烈的智能硬件市场，仅仅依靠单一功能的优势已经无法形成持久的吸引力。消费者的需求是多样化的，他们不仅希望产品具备基本功能,还期待能获得全方位的服务体验。

于是,从用户购买前的阶段开始,李明就积极布局。他创建了知识科普社群,邀请运动专家、健康达人在社群中分享运动知识、健康生活方式等内容,让用户在购买产品之前就能够了解智能手环的使用方法和运动健康的重要性,提前培养用户对产品的兴趣和信任。

在用户使用产品的过程中,李明推出了运动课程订阅服务。根据用户的运动数据和目标,为他们量身定制个性化的运动课程,让智能手环不再只是一个简单的记录工具,而是成为用户运动生活的贴心助手。同时,他还不断优化产品功能,根据用户反馈及时更新软件,提升用户体验。

当用户的智能手环使用到一定阶段,面临设备更新换代时,李明又推出了环保积分体系。商家可以将旧智能手环进行回收,赠予用户相应的环保积分。这些积分可以用来兑换新产品或其他福利。这一举措不仅解决了用户处理旧设备的困扰,还体现了企业的社会责任,提升了品牌形象。

最终,李明成功构建了一个完整的服务闭环。从购买前的知识科普,到使用中的个性化服务,再到设备回收时的环保举措,每一个环节都紧密相连,为用户提供了全方位的服务体验。如今,李明的智能手环产品在市场上的竞争力大幅提升,用户的使用周期和忠诚度都得到了显著提高。

青岛海尔所创立的"链群合约"模式,堪称企业组织架构创新的典范。在这一模式下,海尔将原本庞大的6万员工体系,重新拆解为4000多个自主经营体。这些自主经营体犹如一个个灵活且独立的作战单元,它们不再依赖传统的层层汇报与指令传达模式,而是拥有高度的自主性与决策权。

从市场响应角度来看，这些自主经营体宛如分布在市场各处的敏锐触角。在瞬息万变的市场环境中，它们能够凭借自身的灵活性，迅速捕捉到消费者的需求变化。以往，传统企业在面对市场需求调整时，往往需要经过冗长的内部沟通流程，信息传递层层受阻，导致响应迟缓。海尔的自主经营体则截然不同，一旦察觉到市场对某类产品的需求，比如发现消费者对小型家电的需求日益增长，负责相关领域的自主经营体便能迅速集结力量，投入产品的研发与生产调整中，真正做到快速响应市场需求。

资源共享是"链群合约"模式的又一显著优势。在传统企业架构中，不同部门或团队之间常常存在信息壁垒，重复建设与资源浪费现象屡见不鲜。海尔的自主经营体之间构建了畅通的资源共享渠道。当某一团队成功开发出适合高校宿舍的迷你冰箱时，该冰箱所涉及的技术模块，如空间优化设计、节能制冷技术等，能够毫无阻碍地被其他团队复用。举例来说，负责母婴家电研发的团队，便可以借鉴迷你冰箱的空间利用技术，结合母婴群体对储存母乳、放置婴儿用品的特殊需求，快速开发出母婴冰箱。这种资源共享模式，不仅大幅缩短了新产品的研发周期，降低了研发成本，还避免了重复建设所带来的人力、物力和时间的浪费。

正是凭借"链群合约"模式所赋予的强大组织进化能力，海尔在竞争激烈的家电市场中脱颖而出。在涵盖冰箱、洗衣机、空调、电视等在内的32个家电品类中，海尔始终稳居行业前三。无论是追求品质生活的高端消费者，还是注重性价比的普通家庭，都能在海尔丰富的产品线中找到满意的产品。海尔的成功实践表明，"链群合约"模式不仅是一种组织架构的创新，更是企业在复杂多变的市场环境中保持竞争力、实现可持续发展的关键所在。

不仅如此，当华为的鸿蒙系统装机量成功突破3亿台这一令人瞩目的数字时，华为创始人任正非却在企业内部发出了独特的声音："不要仅仅盯着装机数字，要培育土壤里的微生物。"在这里，"装机数字"仅仅是表面的成绩，而"土壤里的微生物"则象征着鸿蒙系统背后庞大且复杂的生态体系。这个生态体系就如同一片肥沃的土壤，只有当其中的各种要素，诸如开发者、合作伙伴、用户等，都能茁壮成长、相互协作时，鸿蒙系统才能拥有真正的生命力和可持续发展的动力。

这种生态思维在华为的"1+8+N"战略中得到了淋漓尽致的体现。在这一战略布局里，手机作为核心终端，宛如整个生态体系的心脏，发挥着至关重要的作用。它与平板、PC、穿戴设备、智慧屏、音箱、耳机、VR/AR设备、车机等8类产品紧密协同。以日常生活场景为例，当用户使用华为手机时，可轻松与华为平板实现无缝衔接，在手机上未完成的文档编辑，能在平板上继续进行，数据实时同步；而佩戴华为穿戴设备，如智能手表，不仅能实时监测健康数据，这些数据还能同步至手机，方便用户随时查看分析。

更关键的是，通过HiLink协议，华为将手机与这8类产品进一步连接无数智能硬件。从家庭中的智能灯泡、智能门锁，到办公场所的智能投影仪、智能打印机等，都能纳入这个庞大的智能生态系统中。用户只需通过一部华为手机，就能实现对家中所有智能设备的统一控制。比如，下班途中，用户可通过手机提前打开家中的智能空调，调节到适宜的温度；到家门前，用手机即可开启智能门锁；进入房间后，通过手机就能控制智能灯泡的亮度和颜色，营造出舒适的氛围。

这种立体架构所产生的协同效应，形成了华为独特的竞争优势，让后来者难以照搬模仿。华为凭借"1+8+N"战略，构建起了一个涵盖多领域、多品类的智能生态体系，真正做到了产品之间高度的协同与融合，为用户带来了前所未有的便捷体验。

3. 人全我优，追求卓越的品质

在胶州湾畔的盐碱滩涂上，袁策生物的科研人员正进行第219代海水稻杂交实验。他们建立的"逆境基因图谱"数据库，已收录187种耐盐碱作物的4.6万个标记基因。不同于传统育种方法，团队独创"环境模拟进化"系统，在实验室重建从渤海湾到波斯湾的12种盐碱环境，让水稻在人工气候箱里经历五代加速进化。

这种极致追求催生出"海稻86"的奇迹——其根系分泌的特殊有机酸，能将土壤盐分转化为生长素。更惊人的是稻米中 γ-氨基丁酸含量达到普通大米的23倍，兼具降血压功能。当阿联酋王室派专机采购秧苗时，袁策坚持在每株幼苗植入区块链溯源芯片，确保沙漠种植全程可控。这种从基因到商业模式的全面超越，让中国海水稻技术占据全球76%盐碱地改造市场。

不仅如此，中天科技研发的超低损耗光纤技术取得关键突破。研发团队在玻璃基质中植入密度为2.3亿个/平方厘米的纳米气孔，以此调控光信号传播环境，将光信号折射率波动控制在0.0001%以内。光信号在光纤中传输时，折射率稳定与否直接影响信号损耗和传输质量，中天科技这一技术有效降低了信号损耗，提高光信号传输效率，让信号传输距离更远。

为实现这一技术突破，中天科技工程师团队在无尘车间开展了427天的研发工作。无尘车间对环境洁净度要求高，任何微小尘埃都可能影响光学材料和制造工艺。团队在研发中开发出"分子级沉积工艺"，在1600℃高温下，以每秒0.03微米的速度梯度沉积二氧化硅蒸气。这个过程须精准控制温度、速度等参数，克服材料在高温下物理和化学变化带来的难题，每一次实验都是对团队技术能力和耐力的检验，最终成功攻克技术难关。

以亚马逊河底光缆为例，因亚马逊河水流湍急，河底光缆常受湍流冲击而断裂，这是行业长期未能解决的问题。中天科技凭借技术积累和创新，提出解决方案：在光纤护套内层编织碳纳米管网络。碳纳米管强度和韧性高，应用后光缆抗拉强度大幅提升，达到军舰锚链级别。这一方案解决了亚马逊河底光缆断裂问题，也为全球海底光缆铺设和维护提供了新思路。

目前，中天科技在全球光缆市场地位十分重要，全球每4条跨洋光缆中就有1条是中天科技产品，其品牌"ZTT"成为技术实力的代表。中天科技的海底中继器可在6000米深海连续工作15年无须维护。6000米深海水压大、环境复杂，对设备稳定性和可靠性要求极高，中天科技海底中继器能稳定运行，得益于多次技术优化和严格质量检测，保障了全球通信网络稳定，也为深海资源开发、海洋科学研究等领域提供了通信支持。

在房地产中介行业竞争异常激烈的当下，大多数中介都在努力为客户提供全面服务，从房源信息的收集到带看、谈判等环节，力求做到面面俱到。王珊珊这名房产中介，在众多同行中脱颖而出。

王珊珊就职于一家知名房地产公司，初入行业时发现想要在这个行业立足，提供全面的服务是基础。所以，她不仅广泛收集各类房源信息，包括新房、二手房、商铺等，还对城市各个区域的楼盘特点、周边配套设施了如指掌。无论是客户想要交通便利的市中心房源，还是环境优美的郊区住宅，她都能迅速筛选出合适的房源。

一次，一对年轻夫妻找到王珊珊，希望购买一套靠近学校的婚房。王珊珊接到需求后，立刻行动起来。她不仅为客户提供了周边多个符合条件的楼盘信息，还详细对比了每个楼盘的优缺点，包括房屋户型、小区环境、物业管理、价格走势等。在带看过程中，她也做足了准备。提前到达小区，了解当天的小区环境情况，如是否有噪声干扰、绿化维护情况等。带看时，她不仅介绍房屋的基本情况，还会分享一些自己对未来周边发展的见解，让客户对居住环境有更全面的了解。

在服务这对夫妻的过程中，王珊珊展现出了远超同行的优质服务态度。为了让客户更直观地感受房屋的空间布局，她利用业余时间学习3D建模软件，为客户制作了房屋的3D模型，让客户在未实地看房前就能对房屋的格局有清晰的认识。在谈判环节，她凭借自己出色的沟通能力和对市场的敏锐把握，帮助客户争取到了一个较为优惠的价格，还成功说服卖家承担部分税费。

在交易完成后,王珊珊的服务也没有结束。她帮助客户联系装修公司,提供装修建议,甚至在客户搬家时,还主动帮忙联系搬家公司,并亲自到场协助。她的这种全方位且优质的服务,让这对年轻夫妻非常感动。他们不仅自己成为了王珊珊的忠实客户,还将她推荐给了身边的亲朋好友。

细节往往是最容易被忽视却又最具价值的部分。每一个看似微不足道的环节,都可能是拉开差距的关键。当我们专注于细节时,实际上是在提升工作的精度和深度。在完成任务时,不仅要满足基本要求,更要追求极致的完美。通过在细节上投入更多精力,我们可以在平凡的工作中创造出不平凡的价值,从而在全面的基础上形成独特的优势。

在追求卓越的过程中,我们常常过于关注自身的优势,而忽视了劣势可能带来的独特价值。劣势并非不可逾越的障碍,而是可以转化为独特竞争力的资源。当我们正视并接受自己的不足时,便能够从另一个角度审视问题,找到与众不同的解决方案。这种反向优势要求我们重新定义优势与劣势的边界,找到属于自己的独特位置。

4. 人优我新,创新才能真正破局

在深圳的一个地下实验室里,有一群被称作"科学嬉皮士"的人,他们致力于重新构建消费电子的底层逻辑。这个实验室里堆满跨界实验留下的物品,有尝试与水母共生的电路板、记录植物痛感的传感器、能翻译猫咪尾巴语言的AI模型。这些看似不切实际的实验,都是他们创新路上的探索。

他们研发的智能手表别具一格。市面上常见的智能手表具备心率监测和运动轨迹功能,而这款手表却没有这些功能。它在表冠处植入微型质谱仪,这一独特设计让手表拥有新功能。当用户触摸水果时,表盘能显示出维生素流失曲线;轻轻触碰爱人皮肤,就能读取多巴胺分泌数据。

因其功能奇特，这款手表在预售阶段就登上得物APP热搜榜首，还被大家戏称为"赛博通灵器"。

真正让这个团队在行业中产生巨大影响的，是他们创造的"负维创新法则"。当传统厂商在参数方面激烈竞争、陷入内卷时，这支团队在深圳湾组织科技思想的派对，邀请诗人、渔夫、占星师和工程师共同拆解苹果手表。不同领域人员思维相互碰撞，产生意想不到的效果。有一次，生物学家醉酒后把质谱仪连到威士忌酒瓶上，最终催生了他们的核心专利技术。

在消费电子展上，创始人陈野对围观的竞品工程师说："你们在优化答案，而我们在重新发明问题。"传统厂商在既定问题框架内不断优化产品参数和性能，而陈野的团队打破常规，从全新角度思考问题，重新定义产品的功能和价值。

湘西有一位苗银匠人叫夏之宇，是苗银制作技艺的第七代传承人。他的工坊里，祖传的錾刻刀和现代的3D打印机放在一起，就好像两个不同时代的东西产生了奇妙的联系。

起初来参观的游客只对"原始手工作坊"感兴趣，就想拍些新奇的画面。而景区里到处都是机械复刻的蝴蝶银饰，堆得到处都是，这些粗制滥造的东西，把苗银的名声都搞坏了。

后来，夏之宇尝试用AR技术重新设计祖传的纹样，当人们用手机扫描银手镯时，手机里就会出现苗疆的神话故事，好像那些古老的故事活了过来。这个尝试居然获得了一个艺术展的金奖。这下，夏之宇找到了新方向。

苗银制作有72道工序，每一道都很复杂。夏之宇就想办法把这些工序变成可以用程序编写的动作参数。比如说，老师傅在制作时，手腕会有很细微的抖动，这个0.03毫米的误差，他也想办法变成计算机里的随机函数记录下来。

这还不够，他还在银饰里嵌入光子芯片，这样，人们戴着银饰走路的时候，地面上就会出现苗族人祖先迁徙路线的光影图案，就像带着一部会走路的历史书。

一开始，很多老匠人都指责他，说他这样做是对传统的不尊重，是在亵渎老祖宗传下来的手艺。但是，年轻人却很喜欢他的创新。他们开始把苗银图腾当作赛博朋克风格穿搭的重要元素，苗银一下子变得很时髦。慢慢地，那些曾经指责他的老匠人，也看到了其中的好处，都排着队来跟他学习怎么用算法设计纹样。这个看似普通的苗银匠人，正在用全新的方式传承文化遗产，在一个更深的层面上，让古老的苗银文化和现代科技结合起来。

跨维思考要求我们跳出单一领域的局限，将不同领域的知识、技术和理念进行融合。例如，苹果公司不是将自己定位为电子产品制造商，而是融合了科技、设计、用户体验等多个维度，从而创造出具有划时代意义的产品。跨维思考能够激发新的灵感，打破行业壁垒，为创新开辟更广阔的空间。

创新往往伴随着风险和不确定性，失败是难以避免的。然而，正是这些失败为成功提供了宝贵的经验。3M公司鼓励员工大胆尝试，即使失败也不会受到惩罚。这种文化使员工能够勇于探索新的领域和方法，最终诞生了许多发明，如便利贴。容忍失败不仅能够减少创新的恐惧感，还能激发员工的积极性和创造力，为创新提供持续的动力。

降维思考则要求我们从宏观角度出发，抓住问题的本质，从而找到更简单、更有效的解决方案。例如，在解决交通拥堵问题时，从城市规划的角度出发，而不是仅仅关注道路的拓宽。通过优化公共交通系统、发展智能交通等手段，从根本上解决问题。降维思考能够帮助我们避免陷入细节的泥潭，以更清晰的思路推动创新。

5. 通才佐辅之必要性

古镇旅游节筹备期间状况百出。现场，彩旗在风中无精打采地垂着。负责统筹的老周拿着对讲机，在巷口急得直跺脚。民俗专家规划的游览路线，因为消防验收没通过，无法实施。美食摊主和汉服体验馆为了争夺三平方米的空地，吵得不可开交。宣传组拍摄的短视频，由于不了解地方戏曲，被网友吐槽为"阴间滤镜"，遭到群嘲。

这个投入了百万资金的项目，最后沦为大家朋友圈里被调侃的对象。究其原因，是每个参与执行的人都只专注于自己手头的工作，像机器上的齿轮一样，只在既定的轨道里运转，缺乏灵活应变和整体协调的能力。如今，大家普遍崇尚专业化，却忽略了那些能够跨越不同专业领域、灵活应对各种问题的多面手，才是推动事情顺利进展的关键。

现代社会的复杂性超乎想象。无论是经济、政治、文化还是科技领域，都呈现出高度的交叉性和融合性。以人工智能为例，这一领域的突破不仅依赖于计算机科学的技术进步，还涉及数学、物理学、生物学、心理学等多个学科的知识。如果没有通才的参与，这些领域之间的知识壁垒将难以打破，创新的进程也会受到严重阻碍。

还有如环境污染、资源短缺、公共卫生危机等。这些问题的解决需要跨部门、跨领域的合作。例如，在应对气候变化时，不仅需要环境科学家提供数据支持，还需要经济学家评估政策成本，政治家推动国际合作，工程师设计减排技术，而通才佐辅则能够在这些不同领域之间架起沟通的桥梁，确保各方能够协同作战，共同应对挑战。

通才佐辅并非是全才或万能的代名词，而是指那些具备跨领域知识和综合素养的人才。他们能够在多个领域之间建立联系，运用多元化的思维方式解决问题。与专才相比，通才佐俌的特征在于其知识的广度和思维的灵活性。他们不仅精通某一领域，还能在其他相关领域进行有效的沟通和协作，从而为复杂问题提供全面而系统的解决方案。

在货运司机齐鹏飞的驾驶室里，除了常见的观后镜上晃动的平安符外，还挂着两样特别的东西：一本褪色的地图册和一本卷边的《常见急症自救手册》。

五年前，齐鹏飞送建材去山区小学。在那里，他亲眼看到支教老师花了整整三个小时才把药品清单翻译成当地的方言。这件事给齐鹏飞留下了深刻的印象，从那以后，他就开始留意起方言与急救知识的结合。如今，他的手机里存着七个省份方言的急救术语录音，以备不时之需。不仅如此，他的货厢夹层里，总是备着一些简易的教具，想着或许能在哪个偏远的地方帮上忙。

去年秋天，一场暴雨冲毁了县道。当导航显示要绕行80公里时，齐鹏飞却没有盲目听从导航。他想起自己曾看过的县志，里面记载着一条废弃的运盐古道。他凭借着自己的记忆和对道路的了解，决定带领车队走这条古道。一路上，他通过对讲机耐心地教车队里的其他司机如何绑防滑链，如何观察山体裂纹，以此来避开潜在的危险。当建材准时送达正在灾后重建的卫生院时，大家都松了一口气。而此时，院长却看到满身泥浆的齐鹏飞正拿着针灸模型，教村民缓解腰伤。原来，齐鹏飞不仅熟悉道路，还自学了一些简单的医疗知识。

齐鹏飞的不凡之处还不止于此。多年来，他养成了记行车笔记的习惯。根据这些笔记，他整理出了一本《县域道路体征手册》。手册上标注的不只是道路的坑洼和限高这些常规信息，还详细记录着哪个村口能借到千斤顶，哪片树林里能找到止血草药。这些看似琐碎的信息，在关键时刻却能发挥巨大的作用。那些曾经被他从暴雪夜、塌方区拖出来的同行们，都对他佩服不已，常说："齐师傅懂得可真多，什么杂七杂八的知识都有，连观音菩萨都管不过来。"

在当今时代，有一种很重要的智慧，它就藏在我们对那些看似无用的学科的不断探索与积累中。比如在老茶馆里，如果伙计懂一点儿基础力学知识，他就能明白怎样摆放八仙桌，能巧妙避开穿堂风，让顾客坐得更舒服；社区调解员要是了解点儿人的神经原理，便能从居民颤抖的指尖，察觉到他们内心的焦虑，像台风天顶楼住户因担心房屋安全而产生的不安情绪，就能被精准地捕捉到。

培养这种智慧，并不需要去攻读双学位，成为多领域的专业学者。我们可以像野草一样，在生活的各个角落自由生长、广泛学习。小区保安每天留意周边环境的细微变化，久而久之，能总结出关于社区安全与和谐的独特见解。哪家老人独自居住需要格外关照，哪个时间段小区周边容易出现可疑人员，他们都心中有数。家政阿姨凭借长期经验，从窗帘的开合程度就能敏锐判断出客户的情绪，这其中蕴含的洞察人心的智慧，是冰冷的数据科学难以量化的。这些看似平凡的生活经验，其实都是宝贵的佐辅智慧。

想要拥有这种智慧，关键是要保持一颗不设防的敏感心。当儿科护士研究蔬菜怎样能吸引挑食儿童时，当货车司机在加油站认真倾听村民讲述土方子时，知识的微小颗粒就在他们身上悄然发生奇妙的变化，如同核聚变一般，不断积累、产生新的能量。真正懂得辅佐之道的人，早已将整个世界视为获取智慧的源泉，他们不放过任何一个学习的机会，在生活的点滴中汲取养分，让自己的佐辅智慧不断丰富。

6. 才干领域之木桶效应

社区活动中心的会议室里，弥漫着一股焦煳味，墙角的矿泉水瓶也摞成了小山，显得杂乱无章。一支青年创业团队正在这里进行第七次项目复盘。

这个团队一直信奉木桶理论，觉得自身的短板会限制发展，于是决定改造自己。程序员原本擅长编程，却开始拼命恶补演讲技巧；设计师努力背诵财务报表，而产品经理则投入大量时间练习插画创作。在他们看来，补齐这些短板，就能让团队更具竞争力。

为了提升短板，团队成员参加了48场培训课程。然而，这些培训并没有带来预期的效果，反而让每个人失去了原有的独特优势。三个月过去了，这个曾经以创意著称的团队，拿出了一份社区食堂改造方案。方案中规中矩，无明显的错误，也毫无亮点。在招标会上，评委给出的评价很不客气，说这份方案就像批量生产的压缩饼干，虽然能填饱肚子，却没有一点儿特色。

木桶效应源自一个简单的比喻：一个木桶的容量并非由最长的那块木板决定，而是由最短的那块木板决定。换句话说，木桶的短板限制了其整体的容量。这一理论被广泛应用于管理学、心理学以及个人发展等领域，用以说明个体或组织的综合实力往往受到最薄弱环节的制约。

每个人都有自己的长板和短板，长板代表着个人的优势和专长，而短板则是相对不足的部分。然而，正是这些短板在很大程度上决定了一个人在职业发展或团队协作中的整体表现。一个拥有突出长板的人往往能在特定领域表现出色，成为团队中的核心力量。例如，在技术领域，一位精通人工智能算法的专家可以凭借其长板推动项目的创新和突破；在艺术领域，一位绘画技巧精湛的艺术家可以通过其长板创作出令人瞩目的作品。长板的存在不仅能够提升个人的自信心，还能在特定情境下为个人或组织赢得声誉和资源。

短板是一个人或组织的薄弱环节。短板的存在可能会在某些情况下阻碍整体的发展。例如，在一个团队中，如果成员的沟通能力不足，即使其专业技能很强，也可能无法有效地与他人协作，从而影响团队的整体效率。短板的劣势在于它可能会成为个人或组织发展的瓶颈，限制其在更广阔领域的发展。

它提醒个人或组织需要不断学习和提升，从而促进全面发展。例如，一个在数据分析方面存在短板的市场营销人员，通过努力学习和提升，不仅能够弥补自身的不足，还能在工作中发现新的视角和机会。此外，短板的存在也为团队协作提供了机会。当个人意识到自己的短板时，可以通过与他人合作，借助他人的长板来弥补自身的不足，从而实现优势互补。

但过度关注短板容易让人陷入对自身不足的焦虑和恐惧中，从而忽视优势和潜力，影响自信心和积极性，甚至产生习得性无助，引发消极心态，阻碍创新和成长，甚至在团队环境中引发不必要的内耗和矛盾，影响整体效能和协作氛围。

反之，若能把精力更多地放在自身的优势上，关注长板，则能够清晰有效地认识到自身的核心优势，从而更有针对性地发挥专长，提升整体效能和竞争力。通过聚焦长板，可以将有限的资源和精力集中投入最擅长的领域，实现优势的最大化利用，进而推动快速成长，取得卓越成就。关注长板还能增强自信心和积极性，激发内在动力和创造力，营造积极向上的氛围，吸引更多的机会和资源向优势领域汇聚，形成良性循环。

同样，月满则亏，水满则溢。过度依赖长板可能导致个人或组织忽视其他领域的发展，从而在面对多元化挑战时显得力不从心。例如，一个技术专家可能在人际交往和团队协作方面存在短板，这会限制其在项目管理中的综合表现。其次，长板可能会让人产生自满情绪，从而停止自我提升。当一个人过于自信于自己的长板时，可能会忽视对短板的弥补，最终导致整体能力的停滞不前。

在医学生董悦的白大褂口袋里，总是装着两样看似不搭边的东西：一本《格氏解剖学》速记卡，还有一本已经褪色的戏剧社台词本。这两件物品，就像是她两种不同爱好和才能的象征。

董悦读大二的时候，在急诊科轮转实习。有一次，她因为静脉穿刺技术不够熟练，被导师严厉地批评，说她连木桶最短的那块板都比不上。这让董悦特别难过，当天晚上，她一个人躲在更衣室里哭。就在她伤心的时候，突然想起自己曾经在话剧舞台上扮演急诊医生的场景。那时，她通过巧妙地把握台词节奏，成功安抚了情绪暴躁的患者。这个回忆让董悦有了新的思考，她意识到，自己不一定非要在每一项医学技能上都做到完美,也许可以把自己的医学知识和戏剧才能结合起来。

从那以后的三年里,董悦不再强迫自己成为各方面都很厉害的"六边形战士"。她开始努力把医学观察和戏剧训练融合在一起,形成自己独特的技能。在儿科实习的时候,她会仔细观察患儿抓握玩具的力度,以此来预判孩子在采血时会挣扎的幅度,这样就能提前做好准备,减少患儿的痛苦。给老年患者问诊时,她又会根据患者的反应,调整问话的韵律和节奏。因为她发现,合适的语言节奏可以激活老年患者的记忆,让他们更顺畅地讲述自己的病情。

当其他同学都在为了标准化考核拼命内卷的时候,董悦却在社区诊所开启了叙事医疗的实验。她利用自己的戏剧表演能力,通过即兴表演的方式,帮助患有阿尔茨海默病的患者重建对时间的感知。她会和患者一起表演一些日常生活场景,在表演过程中,引导患者回忆过去的事情,让他们重新找回对时间和生活的感觉。这些患者在她的帮助下,病情都有了不同程度的改善。

到了毕业典礼那天,院长在讲话中特别提到了董悦。院长感慨地说:"董悦的听诊器里装着莎士比亚的十四行诗。"董悦不再仅仅是一个掌握专业医学知识的医学生,她还把艺术和人文关怀融入了医疗工作中。她没有盲目地追求各项技能的全面发展,而是充分发挥自己的特长,走出了一条与众不同的成长之路。

在职业初期,基础性短板可能会引发系统性风险,因此需要像止血一样迅速修补。比如,厨师必须懂得食品安全,程序员不能不懂数据伦理。这个阶段的关键是"斜切木板",把缺陷转化为特色,而不是简单地抹平。比如,有发音障碍的人可以发展视觉化表达能力,数学薄弱的人或许擅长构建隐喻模型。这种策略不仅能弥补短板,还能挖掘出独特的优势。

进入专业深水区后,重点是启动"长板共振"。就像交响乐团的首席小提琴手,不必精通所有乐器,但必须懂得如何让独奏旋律唤醒整个乐队的能量。提升长板的最好方式往往来自相邻领域。比如,厨师研究色彩心理学可以创造更诱人的摆盘,程序员学习园艺知识可能发现更优雅的算法结构。这种跨领域的学习能够帮助我们在专业领域中发挥更大的能量。

那些真正驾驭木桶效应的人,早已把短板改造成舀水的竹勺,让长板延伸为引流的渡槽。他们不再纠结于短板的不足,而是通过巧妙转化,让短板成为辅助工具;同时,他们充分发挥长板的优势,使其成为引领发展的关键力量。正是在这样看似不平衡的容器中,他们盛住了命运最慷慨的馈赠。

7. 放低姿态,虚怀若谷

老张的面馆在街边开了足足三十年,店门口玻璃上贴着的"祖传手艺"贴纸,都已经泛黄褪色,满是岁月的痕迹,这也见证着老张这家面馆的漫长经营历程。

随着时代的发展,有年轻人善意地给老张提建议,让他把面馆的生意拓展到外卖平台上,这样能吸引更多顾客,也方便大家点餐。可老张听了,却拄着擀面杖,不屑地说:"我开始揉面做面的时候,他们都还没出生呢。"在老张心里,自己有着多年积累的经验和传统手艺,根本瞧不上这些新的经营方式。

后来,街角一下子新开了三家面馆。这些新店紧跟潮流,各有各的特色。有的推出了小程序,顾客可以提前预约,到店不用排队就能吃上;有的则在汤头里加入了藤椒,迎合年轻人喜欢的独特口味。而老张呢,依旧守着自己的老一套,对这些变化无动于衷。

去年冬天,老张的面馆彻底关门歇业了,灶台也不再有热气。其实,老张的手艺并不差,他的失败并不是因为手艺比不过别人,而是那句"你们懂什么",彻底阻断了他接受新事物、寻求进步的道路。他固执地守着过去的经营模式,不愿意做出任何改变。

　　虚怀若谷代表着一种开放的心态和对未知的敬畏。他们深知自己的局限,愿意接纳新的知识、不同的观点和他人的智慧。他们不会被已有的成就束缚,也不会因一时的成功而自满。相反,他们始终保持着对新事物的好奇心和学习的热情。就像山间的野栗子树,虽然外壳带刺,却总会在缝隙中露出机会,吸引松鼠帮忙传播种子。

　　知识和信息的更新速度极快,昨天的真理可能在今天就已被淘汰。那些总是觉得自己"够用了"的人,往往会在不知不觉中被世界淘汰;那些经常说"这个我大概会了"的人,其实际掌握度比总说"可能还没吃透"的人低40%。这说明,真正谦虚的人更能保持学习的动力和深度,因为他们深知自己的不足,也更愿意接受新的挑战。

　　在热闹的旧书市场里,王波有一个小小的柜台。一开始经营这个摊位的时候,还端着"文化人"的架子,觉得自己对文学很有研究,就按照自己的喜好和理解给顾客推荐书籍。

有一天，他无意间听到两个中学生小声嘀咕："老板推荐的《百年孤独》根本读不下去，太晦涩难懂了。"这话让王波愣在原地半天。当天回到家，他把大学时那套文学理论书籍翻出来，思考许久后，一咬牙把它们都撕了。

从那以后，王波每天都会早早来到摊位，仔细观察来来往往的顾客。他发现，不同身份的人有着截然不同的阅读喜好。打工的年轻人，很多都爱挑金庸的武侠全集，或许是在那些快意恩仇的江湖故事里，能找到片刻的放松和慰藉；退休教师则特别钟情于地方县志，对他们来说，这些县志里藏着家乡的历史和回忆，每一页都满是岁月的痕迹；而穿着短裙的姑娘们，总是抱着太宰治的书爱不释手，太宰治文字里那种细腻又略带忧伤的情感，似乎特别能引起她们的共鸣。

了解了这些顾客的喜好后，王波的推荐话术也变得独特起来。他不再用那些高深的文学术语，而是用最平实的语言和顾客交流。有一次，一位年轻女子在摊位前徘徊，王波走上前说："这本你可能觉得有点儿矫情，但乘地铁的时候翻翻，说不定能帮你打发无聊的时间，还挺解闷的。"女子听了，觉得很有意思，便把书买了下来。还有一回，一位中年顾客询问有没有值得一读的书，王波笑着说："我年轻时也读不懂这本书，后来经历了一些事情，突然就理解书里的内容了，说不定你也能从里面找到共鸣。"顾客听后，饶有兴趣地把推荐的书买走了。

渐渐地，那些被王波推荐过书的客人，都成了回头客。他们不仅自己常来，还会带来更多意想不到的好书。有的是自己家里闲置的藏书，有的是从其他地方搜罗来的珍贵旧书。他们信任王波，觉得他总能推荐到自己心坎里。王波的三尺柜台，也因为他的用心经营，变得越来越热闹。

想让自己学会低头看路,其实没那么难。很多时候,我们听到的建议或意见都是笼统的,只有追问细节,才能真正理解对方的想法。比如,每天至少问三次"能不能再说具体点",就像剥洋葱一样,把别人的意见一层层拆开。再比如,在手机里建个"打脸备忘录",专门记录自己判断失误的事。谁都有看走眼的时候,把这些失误记下来,时不时翻翻,就能提醒自己别再犯同样的错。还有,每个月找一个完全不了解你领域的人聊聊天。外行人的视角往往能戳中问题的关键,因为他们没那么多预设,看到的都是最直接的东西。有时候,快递员对社区服务的洞察可能比物业经理还犀利。

最重要的是要学会"留缝"——喝茶时留杯底,说话时留半句,得意时留个台阶。真正厉害的人,从来不会把话说满,也不会把事做绝,因为他们知道,世界是复杂的,总有自己没考虑到的地方。

真正悟透的人,早就把那些虚头巴脑的词抛到了一边。他们不惦记什么高大上的"谷"和"山",而是弯着腰在尘土里找金屑,看起来和扫地阿姨没什么两样,但正是这种脚踏实地的态度,让他们能发现别人忽略的细节,从而找到真正有价值的东西。

二、有章法

1. 要有自己的价值标准体系

凌晨三点，写字楼里依旧灯火通明，身着西装的年轻人，左手端着冰美式提神，右手在电脑上滑动着，盯着屏幕上的三套完全不同的职业规划，略显无措。A 方案倡导他们成为狼性十足的职场精英，在工作中拼尽全力、积极进取；B 方案则建议他们选择佛系躺平的生活方式，不要给自己太大压力；C 方案又提议他们伪装成看淡一切、不争不抢的"淡人"。

这些年轻人就像在超市挑选酸奶的顾客，对着各种人生指南反复比较，仔细研究它们的保质期和配料表。他们没有去思考自己内心的追求、自身的优势和性格特点，而且忽略了最重要的一点——自己真正适合什么，就如同挑酸奶时忘了考虑自己的肠胃适合哪种菌种一样。

在过去五年里，简历中"擅长多线程工作"这个关键词的出现频率增长了380%。这表明很多人都在强调自己能够同时处理多项任务，似乎这已经成为一种被广泛认可的职场优势。然而，与之形成鲜明对比的是，"具备独立判断力"这样的自我评价却几乎从简历中消失了。

在城市的一角，有一个热闹的早市。这里是烟火气的汇聚地，每天清晨，摊位前都挤满了前来采购的人们。早市里有一位卖豆腐的老王，他在这里经营豆腐摊多年，一直凭借着扎实的手艺和诚信的经营赢得大家的喜爱。

最近，老王的摊位前多了一块醒目的二维码牌子，不过，牌子旁边歪歪扭扭地写着一行字："支持现金支付，多给二两。"这看似简单的一句话，却引发了不小的关注。在这个移动支付盛行的时代，几乎所有商家都在积极拥抱扫码支付，努力跟上时代的步伐，而老王却做出了这样一个与众不同的举动。

老王一直使用一台用了二十年的铸铁磨盘制作豆腐。在他看来，这磨盘就像他的老伙计，磨出的豆腐口感醇厚、豆香浓郁。他始终坚信，豆腐的品质关键在于黄豆的品质和传统的制作工艺，而不是依赖那些新兴的支付方式。当周围的商家都在研究如何利用算法推荐吸引更多顾客时，老王却依旧守着自己的铸铁磨盘。

不仅如此，老王还让儿子把自己的独特设备上传到了短视频平台。视频一经发布，迅速走红。网友们纷纷点赞评论，有人佩服老王的坚守，在这个快速变化的时代，还能保持这样一份对传统的执着；也有人觉得老王的做法有些跟不上时代，但又被他的质朴和倔强所打动。

先前老张的面馆和这里老王的豆腐摊，看似都是传统的小生意，结局却截然不同。老张的面馆最终倒闭，而老王的豆腐摊却意外走红。

老张的失败，根本在于他对变化的抵触和对自身经验的过度自信。他坚持自己的"祖传手艺"，拒绝接受外卖平台等新兴事物，甚至对年轻人的建议嗤之以鼻。这种态度，让他错过了与时代接轨的机会。老张的失败不是因为手艺不行，而是因为他拒绝改变，堵死了进步的可能。

相比之下，老王在坚持传统豆腐制作工艺的同时，巧妙地融入了现代元素。他保留现金支付，却又搭载了短视频平台的快车，让他收获了大量关注，从而获得成功。

如今，打开短视频 APP，各种软件经常弹出各种信息，其中不乏各种价值观的强烈冲击。在这样的环境下，很多人来不及思考和分辨，就被这些海量的信息裹挟着前进。那些没有在内心筑起精神堤坝的人，就如同没有根基的空心芦苇，很容易被信息的洪流冲倒。他们盲目地接受各种观点和理念，却没有形成自己独立的思考和判断能力。

现在，很多年轻人为了迎合所谓的职场标准，给自己贴上各种看似优质的标签，就像包装精美的罐头。但这些标签并不能真正体现他们的独特价值，一旦进入实际工作场景，也就是"拆封"的时候，就会发现这些千篇一律的标签毫无用处，他们注定会因为缺乏独立思考和判断能力，无法适应复杂多变的职场环境，就像过期的罐头一样被淘汰。

老裁缝教徒弟挑选布料时，要求徒弟先蒙上眼睛摸三分钟。在这三分钟里，徒弟暂时摒弃了视觉带来的先入为主的印象，仅凭双手的触感去感受布料的质感、纹理。或细腻顺滑，或粗糙厚实，每一种独特的触感都传递着布料的品质信息。通过这种方式，徒弟能够更纯粹地了解布料的特性，挑选出真正优质的布料，为制作出上乘的衣物奠定基础。

菜农选种子时，会把种子放在枕头下睡三夜。在这三夜的相处中，菜农凭借着长期积累的经验和内心深处的感知，与种子建立起一种微妙的联系。他能感受到种子是否饱满、有无活力，从而判断出种子的优劣。这种看似笨拙的方法，实则是在排除外界各种宣传噱头、包装等干扰因素，回归到最本能的判断，确保自己挑选到的种子能够在土地里茁壮成长，收获丰硕的果实。

价值标准是我们判断事物、做出选择的重要依据，它贯穿于生活的方方面面，深刻影响着我们的人生轨迹。在生活中，建立价值标准并非是给自己套上沉重的枷锁，限制自由发展，而更像是精心装修精神的客厅，将杂乱无章的思绪梳理整齐，让内心世界变得更加舒适、有序。它为我们提供了清晰的指引，使我们能够更加从容地做出抉择。

在生活中，我们也会面临各种各样的选择，小到日常购物、人际交往，大到职业规划、人生方向的抉择。建立清晰的价值标准，能够帮助我们在这些选择面前，不被外界的喧嚣和诱惑所左右，做出符合自己内心真实需求的决定。它让我们在追求物质的同时，不忘关注精神世界的丰富；在追求速度的同时，也能注重品质的提升。只有建立起稳固的价值标准，我们才能在人生的道路上稳步前行，不迷失方向，让生活更加充实而有意义。

不妨尝试在手机里创建一个"灵魂账本"。在这个账本里，详细记录生活中的点点滴滴。比如，记录那些让你做完之后，浑身充满轻松感、愉悦感的事情，可能是一次独自登山的经历，在山顶俯瞰风景时，内心的畅快无以言表；再比如，记录下那些与你相处之后，让你感觉精力充沛、充满活力的人，他们可能是积极乐观、充满正能量的朋友；还要记录下那些在深夜回想起来，不会让你感到后悔、愧疚，内心平静安稳的选择。通过这样的记录，我们能逐渐梳理出对自己真正重要的事物和人，从而明确自己的价值取向。

2. 标准是行事的准则依据

在社区改造项目的投票会上，发生了一件让人哭笑不得的事。一些人提议给老旧楼房装上五彩霓虹灯，觉得这样就能把社区打造成网红打卡点，吸引更多人关注，带动周边经济发展；另一些人则坚决要求复原20世纪80年代的水磨石地板，他们认为这是"怀旧经济"的体现，能勾起居民们的回忆，也能吸引游客前来参观。

双方各执一词，互不相让。这一吵就是三个月，改造方案也跟着换了七稿，可始终没有一个让大家都满意的结果。就在大家僵持不下的时候，社区里的老人们自己行动起来了。他们凑钱把掉漆的楼道重新刷白，还在转角的地方添加了带扶手的歇脚凳。这些老人可能不太懂那些复杂的设计理论，但他们心里明白什么才是对居民真正有用的。比如楼梯的宽度一定要能让轮椅顺利转身，方便那些行动不便的人；楼道的照明必须得保证上夜班的人能看清第五级台阶，避免摔倒受伤。

后来，住建局的工作人员来社区调研，了解到了这些情况。他们发现，老人们这些看似简单的做法，却蕴含着最实际的需求和考量。于是，住建局把老人们的这些朴素经验写进了旧改指南，为其他社区的改造提供了参考。

在我们的生活和工作中,标准无处不在。它像一把无形的尺子,衡量着我们的行为、决策和成果。无论是在个人成长、企业管理还是社会治理中,标准都是行事的准则依据,规范着我们的行为方式。

在学习中,标准是考试的评分细则,是论文的写作规范,它让我们知道什么是优秀,什么是不足。有了明确的标准,我们才能有的放矢地努力,不断弥补差距,提升自身能力。

无论是工作流程、职业操守还是绩效考核,标准都为我们的职业发展提供了明确的指引。一个有明确标准的团队,成员们能够清楚地知道自己的职责和目标,从而更高效地完成任务。相反,缺乏标准的工作环境往往会导致混乱和低效,甚至可能引发职业倦怠。

在企业管理中,标准是确保企业高效运转的核心。它涵盖了产品质量、生产流程、员工行为、客户服务等各个方面。通过制定严格的标准,企业能够确保每一环节的高效与稳定,从而提升整体竞争力。

以质量管理为例,质量标准为企业提供了一套完善的质量管理体系。企业通过遵循这些标准,能够有效控制产品质量,减少次品率,提升客户满意度。同时，标准还能帮助企业优化内部流程，提高生产效率，降低运营成本。

在员工管理方面，明确的绩效考核标准能够激励员工积极工作，提升工作绩效。当员工清楚地知道自己的目标和评价标准时，他们能够更有针对性地努力，从而实现个人与企业的双赢。

在杭州，有一位独立游戏开发者陆骁，在游戏行业里，他有着"偏执狂"的外号。之所以被这么称呼，是因为他在游戏开发上坚持着一些看似固执的标准。

如今的游戏市场，很多开发者为了追求效率，会选择用现成的引擎批量生产手游。但陆骁却截然不同，他给自己的工作室定下了三条铁律：第一条，每个场景的核心玩法必须能用6周岁孩子都听得懂的语言描述出来。他觉得，只有把玩法简化到这种程度，才能让游戏真正做到通俗易懂，吸引更广泛的玩家群体。第二条，所有数值系统必须手算验证三遍。在他看来，数值是游戏平衡的关键，任何一点儿细微的差错都可能影响玩家的游戏体验，所以必须反复计算、仔细核对。第三条，角色台词不能出现任何一个网络热词。他认为网络热词虽然流行一时，但时效性太强，容易让游戏在短时间内就显得过时，而且还会破坏游戏整体的叙事风格。

这些标准在很多人看来，简直是老古董的做法。有投资人嘲笑他："你这是活在上世纪吧，现在谁还这么做游戏啊？"面对这些质疑和嘲笑，陆骁没有动摇，他坚信自己的坚持是有价值的。

经过长时间的打磨，陆骁开发的解谜游戏《时间褶皱》终于上线了。这款游戏一经推出，就引发现象级讨论。玩家们惊喜地发现，游戏里处处都隐藏着精心设计的细节。比如电梯按钮的排布，竟然暗合斐波那契数列，这不仅增加了游戏的趣味性，还让玩家在解谜过程中感受到数学之美；而 NPC 的闲谈中，更是藏着破解支线任务的摩斯密码，需要玩家用心去倾听、去解读。这些巧妙的设计，让玩家们沉浸其中，流连忘返。

曾经那些被视作刻板、不合时宜的标准，在这款游戏里却成了激活创造力的开关。陆骁没有盲目跟风，而是通过自己的坚持，打造出了一款独一无二的游戏。他用实际行动证明，在追求效率和流行的时代，坚守自己的标准，深入挖掘游戏的内涵和品质，同样能够获得成功。

制定标准不是画地为牢，而是给生活装上指南针，这些细碎的标准都得经得起检验。试着在手机里记下"安心清单"：哪些事必须亲力亲为才踏实，哪些原则即使吃亏也不能破例，哪些承诺就算被忘记也要兑现。别小看修车师傅拧螺丝时的手感，也别忽视教师批改作业时留下的波浪线，这些细微处的坚持，正在不动声色地重塑我们对世界的信任。

标准是我们行事的准则依据，它为我们的生活和工作提供了明确的方向和规范。无论是在个人成长、企业管理还是社会治理中，标准都发挥着不可或缺的作用。标准也需要与时俱进，保持灵活性和动态性。只有这样，我们才能在标准的指引下，不断前行，实现个人与社会的共同进步。

3. 不是所有的规则都能用来打破

东京湾海底隧道的检修团队对一位红头发实习生的事仍历历在目。这位实习生年轻气盛，总认为自己想法独特。在一次检修时，他私自绕过了保障隧道安全的三重防护程序，想用自创的"震动听诊法"检测钢架结构。他觉得正常流程烦琐多余，自己的方法高效又独特，能快速完成工作。可当他开始检测，瞬间触发了全隧道的应力警报。尖锐的警报声打破了平静，检修团队立刻进入紧急状态排查问题。

原来，该实习生轻视的检修流程有着重要意义。35 年前，关东大地震让东京湾海底隧道暴露出安全隐患。震后，专家经大量研究实验，修订了安全标准，包括隧道钢架结构的共振频率安全值，而那些防护程序正是为监测安全状况、避免共振引发事故而设的。

这个年轻人一心展现自己的与众不同，却没意识到其行为的严重性。他忽视了规则背后的价值，不知道自己的随意操作可能引发可怕后果。

人们常常会陷入一种思维误区，认为打破规则就意味着创新和突破。现实情况远比这复杂。规则的存在并非总是为了限制，而是基于对经验、安全和效率的深刻理解。不是所有的规则都能用来打破，甚至在某些情况下，坚守规则反而能成为推动创新和进步的力量。

"螺钉记忆"这一规则的形成，源于一次卫星发射失败的惨痛教训。工程师们发现，失效的钛合金螺钉来自午夜班次，而凌晨两点的车间湿度会导致金属产生晶格畸变。这种畸变虽肉眼不可见，却足以影响航天器的安全性。为了杜绝类似事故，航天器螺钉的安装时间被严格限定在上午十点至下午三点之间。这一看似刻板的规定，虽然在形式上显得有些偏执，却在后续三百次发射中将故障率降低了76%。这一数据足以证明，规则的坚守并非是对创新的束缚，而是对安全和效率的极致追求。

这种规则坚守的意义不仅在于它直接带来的安全性提升，更在于它对创新的倒逼作用。正是因为对规则的严格执行，工程师们被迫去寻找一种能够突破时间限制的解决方案。最终，他们成功研发出新型全天候金属涂层技术，这种技术不仅解决了湿度对螺钉的影响，更提升了航天器的整体性能。从这个角度看，规则的坚守并非是对创新的阻碍，而是创新的催化剂。它通过设定一个明确的边界，迫使人们在边界内寻找最优解，从而推动技术的突破和进步。

壁画修复师陈鸠有一本祖传的《毫厘录》，里面密密麻麻记载着历代匠人总结的矿物颜料配方，凝聚着先辈们的智慧和心血。

在如今这个科技飞速发展的时代，年轻的学者们都热衷于用纳米材料等新技术进行创新，可陈鸠却显得有些固执。他依旧遵循着古老的方法，坚持在子时研磨青金石。

这是因为他知道，月相变化会影响矿石的湿度，而子时的湿度条件最适合研磨，能最大程度保留青金石的特性，调出最纯正的颜料。旁人对他的做法很不理解，觉得他太守旧，跟不上时代潮流，但陈鸠不为所动，一心钻研着祖传的修复技艺。

有一次，陈鸠负责修复一幅飞天飘带的壁画。在修复过程中，他意外发现8世纪的画匠居然是用蜂蜜调配朱砂。在现代的科技眼光看来，这无疑是一种落后的工艺。但神奇的是，用这种方法调配的颜料，竟能抵御现代化学清洁剂的侵蚀。这一发现让陈鸠更加坚信传统工艺的价值，也让那些质疑他的人开始重新审视古老技艺的魅力。

最具戏剧性的时刻发生在一场跨国研讨会上。来自欧洲的专家们在台上自信满满地炫耀他们先进的激光修复技术，展示着科技在文物修复领域的强大力量。轮到陈鸠展示时，他不慌不忙，拿起一支驼毛笔，用笔尖蘸着古法调配的颜料，缓缓走向一幅有着千年历史、布满裂隙的壁画。当他在裂隙处轻轻补上一笔时，全场瞬间安静下来。所有人都惊呆了，那一抹新补上的色彩，竟然与已经氧化了12个世纪的色块完美交融，仿佛时间从未在这幅壁画上留下痕迹。这一刻，大家才真正认识到，传统工艺有着不可替代的独特之处，它承载着历史的记忆和先辈们的智慧，即使在科技发达的今天，也依然散发着耀眼的光芒。

规则并非是为了限制人的自由，而是为了保障系统的稳定性和可靠性。在航天领域，每一次发射都关乎国家的荣誉和无数人的生命安全，任何微小的失误都可能导致灾难性的后果。因此，规则的存在是基于对经验的总结和对潜在风险的预判。它们是无数失败和教训的结晶，是保障安全和效率的基石。

当然，也不能简单地将规则视为创新的对立面，而应该认识到规则的双重价值。一方面，它是保障安全和效率的必要手段；另一方面，它也是推动创新的重要力量。在面对规则时，不能盲目地去打破，而应该深入理解规则背后的逻辑和意义。我们只有真正理解了规则的价值，才能在规则的框架内寻找创新的可能，或者在规则已经无法适应新的环境时，有理有据地对其进行调整和优化。

4. 思路清晰事才顺

在北极科考站执行任务期间，发生了一件令人揪心的事。当时，科考队的雪地摩托突然熄火，这一突发状况打乱了整个行程安排。面对这种情况，团队里的成员们各有各的想法。导航员觉得，应该马上用星座定位法继续前进。在他的认知里，星座定位是导航的重要手段，能够帮助他们确定方向，摆脱当前的困境。气象专家却持有不同意见，他坚持要先拆解发动机除冰。在气象专家看来，雪地摩托在如此低温的环境下熄火，很可能是发动机结冰导致的，只有解决了这个问题，才能保证车辆正常运行。而生物学家则忙着收集冰层微生物样本，他认为这是难得的研究机会，不能轻易错过。

就这样，三人各执一词，谁也说服不了谁。三个小时过去了，他们不仅没有解决雪地摩托的问题，还在零下 50 摄氏度的冰原上迷了路。

其实，他们并非是被极端恶劣的环境打败，而是在各自领域的思维惯性里打转。导航员只想着用自己熟悉的导航方式，气象专家一心解决发动机故障，生物学家则专注于样本收集，每个人都局限在自己的专业视角中，忽略了整体的状况和团队的协作。

> 赵航是一位经验丰富的民航飞行员，在多年的飞行生涯中，他始终保持着高度的专注和严谨的态度，不断提升自己的专业技能和应对突发情况的能力。
>
> 那是一个看似平常的飞行日，赵航驾驶着满载乘客的客机从 A 城飞往 B 城。飞行初期，一切都按计划顺利进行，飞机平稳地穿梭在云层上。然而，当飞机飞行到中途时，

突然遭遇了强烈的气流颠簸，紧接着，仪表盘上多个警示灯同时亮起，飞机的多个系统出现故障，情况十分危急。

面对这突如其来的危险，客舱内的乘客们开始陷入恐慌，机组人员也紧张起来。但赵航却异常冷静，他迅速调整状态，脑海中开始清晰地梳理现状。他清楚地知道，飞机此刻正处于高空，多个系统故障可能导致飞机失去控制，而乘客们的生命安全都系于他一身。

明确现状后，赵航迅速确定了目标：确保飞机安全降落，保障乘客和机组人员的生命安全。接下来，他有条不紊地规划应对路径。他首先通过无线电向地面指挥中心报告了飞机的紧急情况，详细说明了故障信息，请求地面支援和指导。同时，他根据自己多年的飞行经验和对飞机系统的了解，开始手动操作飞机，尝试稳定其飞行姿态。

在与地面指挥中心的紧密配合下，赵航逐一排查故障原因。他发现飞机的液压系统出现泄漏，导致部分飞行控制部件失灵。他迅速回忆起在飞行训练中学到的应急处理方法，果断采取措施，切换到备用液压系统，并通过调整发动机推力和机翼襟翼角度，尽力保持飞机的平衡和稳定。

在整个过程中，赵航不断地与机组人员沟通协调，让他们安抚好乘客的情绪，同时密切关注飞机的各项参数和飞行状态。他冷静而坚定的指令，让机组人员逐渐镇定下来，大家各司其职，紧密配合。

经过漫长而紧张的努力，赵航终于成功地将飞机降落在了最近的备降机场。当飞机平稳停在跑道上的那一刻，客舱内响起了热烈的掌声和欢呼声，所有乘客和机组人员都为这场惊心动魄的危机化解而感到庆幸。

瑞士钟表匠在教徒弟组装机芯之前，先让他们用木块雕刻放大 10 倍的零件模型。这种方法不仅锻炼了徒弟的耐心和细致，更重要的是帮助他们理解复杂结构的内在逻辑。同样，在面对复杂问题时，我们也可以通过"问题根系图"的方式，将问题的枝梢反向追踪到根源，从而实现思路的清晰化。

每个问题都有其外在的表现形式，这些表现形式可能是混乱的、分散的，但它们是问题存在的直接证据。清晰地梳理问题，从现象入手，找到问题的枝梢。通过列举这些现象，可以为后续的分析建立一个清晰的起点。例如，一个团队的项目进度滞后，表面现象可能是沟通不畅、任务分配不合理或成员积极性不高。这些现象就像问题的枝梢，是我们能够直接感知的部分。只有将这些现象逐一列出，我们才能为深入分析奠定基础。

通过绘制"问题根系图"，我们可以将每个现象作为枝梢，逐步向下追溯从现象反向追踪，找到问题的根源。例如，团队沟通不畅可能是因为缺乏明确的沟通渠道，任务分配不合理可能源于目标不清晰，成员积极性不高可能是因为激励机制不足。通过这种反向追踪，我们能够将复杂的问题分解为多个具体的、可操作的子问题，从而避免被表面现象所迷惑。这种从现象到根源的分析过程，不仅帮助我们理清思路，还能让我们找到解决问题的关键点。

当我们找到问题的根源后，通过分析，构建清晰的解决方案，就可以有针对性地制定解决方案。如果沟通不畅是因为缺乏明确的渠道，那么可以建立一个高效的沟通平台；如果任务分配不合理是因为目标不清晰，那么可以重新梳理项目目标并明确分工；如果成员积极性不高是因为激励机制不足，那么可以设计合理的激励措施。通过从根源出发，我们能够确保解决方案的针对性和有效性，而不是盲目地对表面现象进行修补。

无论是飞机制造这样的高端产业，还是日常生活中的普通工作，清晰的思路和严谨的流程都非常重要。在面对复杂的任务时，思路清晰，事情才能顺利推进，最终达到我们期望的结果，为自己的工作和生活保驾护航。

5. 理性，成大事的关键要素

在人类历史长河中，那些改变世界的重大突破，往往始于一个理性的判断。

在两千年前的古罗马，工程师们建造了至今仍屹立不倒的引水渠，这一伟大工程的背后，是对流体力学公式的精妙运用。他们借助水平仪，将坡度误差控制在极小的范围内，同时运用抛物线公式来计算拱券的承重结构，把看似冰冷的数字，转化为震撼人心的建筑艺术。后来，伽利略用数学语言描述自由落体运动，不仅纠正了亚里士多德的错误观点，还开创了用理性思维解析自然规律的新纪元，为科学发展打开了新的大门。

1945年，当"曼哈顿计划"的科学家们在沙漠中引爆第一颗原子弹时，他们用精确到小数点后六位的计算，验证了爱因斯坦质能方程的正确性。这个震撼世界的瞬间，正是理性思维战胜混沌现实的完美写照。

反观柯达，曾是胶卷行业的霸主，20世纪凭借胶卷技术成为全球影像市场领导者，市场份额高达85%。1975年，柯达发明首台数码相机，可公司高层因担心冲击胶卷业务，将其搁置。此后，柯达过度依赖胶卷业务利润，无视数码技术发展，未及时调整战略。

面对市场变化，柯达的决策愈发短视。为维持胶卷份额，投入大量资金用于广告和价格战，却不重视数码技术的研发与转型。还盲目收购与数码业务无关的公司，分散了资源和精力。

随着数码技术普及，智能手机拍照功能崛起，传统胶卷市场遭受重创。柯达胶卷业务急剧萎缩，市场份额被富士等竞争对手迅速抢占。虽然后来柯达意识到问题，开始发展数码业务，可最佳时机已过，市场格局早已改变。2012年，柯达申请破产保护。

在当今这个信息爆炸的时代，理性早已超越单纯的知识积累，演变为现代人应对复杂挑战的核心竞争力。

情绪本身并非负面因素，它是我们对环境变化的本能反应，是人类生存和适应的重要机制，而理性也并非是对情绪的压抑。只是当情绪过度主导决策时，往往会干扰判断力，导致非理性的行为。例如，在愤怒时做出冲动的决定，或在恐惧中放弃本应坚持的目标。这种情绪驱动的行为，往往事后被视为不理性的表现。但理性的人并非完全避免情绪，而是学会在情绪的干扰下，依然能够保持清晰的思维和准确的判断。

围棋高手李世石在与AlphaGo对弈时的表现，为我们提供了一个生动的例证。在巨大的压力和读秒的紧张氛围中，李世石依然能够保持极高的计算精度，这种能力并非来自对情绪的忽视，而是对情绪的有效管理。他在比赛中展现出的冷静和专注，正是理性思维的体现。他将情绪的冲动转化为思考的动力，将压力转化为专注的源泉。这种能力并非天生，而是通过长期的训练和自我反思逐渐形成的。

钱思卓是一名年轻的创业者，一直怀揣着拓展国际业务的梦想。经过长时间的筹备，他终于得到了一个前往东南亚某国与当地知名企业洽谈合作的宝贵机会。他满心期待地踏上了这片陌生的土地，希望能开启事业的新篇章。

抵达该国后，钱思卓受到了热情接待。合作方不仅安排了豪华的住宿，还频繁组织各种社交活动，让钱思卓感受到了极高的礼遇。然而，在一次晚宴上，一位自称当地政商通吃的大人物向钱思卓透露了一个"内部消息"。他称，有一个即将启动的大型基础设施项目，政府正在寻找可靠的合作伙伴，只要钱思卓现在投入一笔前期运作资金，凭借他的人脉关系，钱思卓就能轻松拿下这个项目，预计回报率高达数倍。

面对如此诱人的商机，钱思卓内心瞬间被点燃。但他深知，在国外做生意，不能仅凭一面之词就盲目行动。于是，他开始悄悄展开调查。他利用自己在当地结识的一些朋友，侧面打听这个所谓的基础设施项目。经过几天的努力，他发现这个项目虽然确实存在，但目前还处于初步规划阶段，根本没有到寻找外部合作方的阶段，而且对方提到的回报率高得离谱，完全不符合市场规律。

钱思卓意识到自己很可能陷入了一场精心策划的骗局。然而，他并没有打草惊蛇，而是继续与对方周旋。在后续的会面中，他假装对这个项目非常感兴趣，同时不断询问项目的具体细节，比如项目的规划文件、政府批文等。对方被问得有些不耐烦，开始露出马脚，言辞闪烁，无法提供实质性的资料。

　　此时，钱思卓更加确定了自己的判断。他以需要回国筹集资金为由，巧妙地摆脱了对方的纠缠，迅速办理了回国手续。在离开这个国家的那一刻，他才松了一口气。后来，他通过一些渠道得知，有不少像他一样的外国商人轻信了这个骗局，不仅投入了大量资金，甚至有人因为拒绝继续投入而遭到了威胁和人身伤害。钱思卓暗自庆幸，多亏了自己在关键时刻保持理性，没有被利益蒙蔽双眼，才避免了一场可能让自己倾家荡产甚至危及生命的灾难。

　　在当今这个信息爆炸、不确定性丛生的时代，保持理性显得愈发重要。神经科学家的研究发现，冥想训练能够显著提升前额叶皮层的活跃度，而这一区域正是理性思维的核心中枢。现代精英们早已意识到这一点，他们将正念练习融入工作场景，通过有意识的思维训练，锻造出理性的惯性记忆。例如，外科医生在手术台前的深呼吸仪式，不仅是对身体的放松，更是对大脑的重新校准。这种仪式化的思维训练，帮助他们在高压环境下保持认知的清晰度，从而做出精准的判断。正如运动员通过反复训练形成肌肉记忆一样，我们也可以通过冥想和正念练习，让理性思维成为一种本能反应，从而在复杂多变的世界中保持冷静和清晰的判断力。

　　机器学习和算法能够处理海量数据，但它们无法替代人类的价值判断和框架设计能力。理性并非冰冷的计算，而是包含温度的判断艺术。它不是对直觉的否定，而是对直觉的提纯与升华。在面对复杂问题时，直觉可以为我们提供快速的初步判断，但理性则能帮助我们进一步分析、验证和完善这些判断。通过理性思维，我们可以将直觉中模糊的、碎片化的信息整合为清晰、系统的认知框架，从而做出更符合逻辑和伦理的决策。

理性让我们能够超越短期的利益诱惑，从更宏观的视角审视问题，从而做出更符合长远利益的选择，帮助我们在复杂的社会关系中保持公正和客观，在面对道德困境时坚守原则。

6. 顺时而动，顺势而为

沃尔玛有着强大的全球供应链和成熟的运营模式，在美国本土及其他一些国家市场都取得了巨大成功。然而，进入德国后，沃尔玛却没有深入了解并借势德国当地的文化和市场特点。在德国，有着复杂的劳工法律和严格受限的营业时间，这与沃尔玛在美国相对自由灵活的运营环境大相径庭。但沃尔玛没有积极去适应这些规则，在运营过程中频繁碰壁。

在服务习惯上，沃尔玛标志性的"门口热情迎接顾客"以及主动帮顾客装袋的服务，在德国却让消费者感到不适。德国的消费文化注重个人空间和隐私，这些在美国广受欢迎的服务，在德国却被视为过度打扰，让顾客心生反感。

此外，沃尔玛也没有充分利用德国本土的供应商资源和物流体系。在价格竞争方面，沃尔玛原本的低价策略在德国也未能发挥优势，德国本土的零售企业在价格上同样具有很强的竞争力，而且更了解当地消费者的价格敏感度和消费偏好。

种种决策，使得沃尔玛在德国市场举步维艰。尽管投入了大量的资金和精力，但业绩始终不见起色。在长达9年的苦苦挣扎后，2006年，沃尔玛不得不黯然退出德国市场，此次失败让沃尔玛付出了高达10亿美元的惨重代价。

亚马逊热带雨林中，箭毒蛙演化出鲜艳的警戒色，帝王蝶借助季风完成跨大陆迁徙，这些自然界的生存奇迹揭示着永恒真理：成功从来不是对抗规律，而是与趋势共舞。从人类走出非洲大陆的迁徙路线，到现代商业世界的产业更迭，"顺时而动，顺势而为"始终是穿越周期的智慧。

日本7-11便利店有一套很厉害的数据中台系统，每天能处理多达3000万条顾客的消费数据。依靠这套系统，便利店可以根据气温的变化来预估关东煮的销量。比如天气冷的时候，人们更爱吃热乎的关东煮，便利店就会多准备一些；还能结合降雨概率来调整雨伞的库存，快下雨了就多备点些雨伞。

这种把自然现象和规律运用到商业决策里的做法，实际上就是把时势用数字化的方式拆解分析。以前古代的农民通过观察星象来制定适合农事活动的历法，现在的企业则是利用算法来解读消费者的喜好和购买趋势，从而更好地规划经营，满足顾客需求，让生意做得更出色。

孙梦梦几年前满怀憧憬地创立了自己的线上销售平台，主营各类时尚服装和饰品。起初，平台凭借独特的选品和优质的服务，吸引了不少忠实客户，生意也算做得风生水起。

然而，好景不长，随着电商行业竞争日益激烈，众多新兴平台如雨后春笋般涌现，孙梦梦的平台面临着巨大的挑战。流量越来越少，订单量也急剧下滑，平台很快陷入了亏损状态。看着每月的财务报表，孙梦梦心急如焚，她尝试了各种方法，比如降低价格、加大广告投放力度等，但效果都不尽如人意。

一次偶然的机会，孙梦梦在刷手机时，注意到了当下热门的短视频平台。她发现许多用户在平台上分享自己的生活、穿搭，还会推荐各种好物，而这些好物的推荐往往能带来可观的销量。孙梦梦敏锐地意识到，这或许是拯救自己销售平台的关键。

于是，孙梦梦立刻行动起来。她首先组建了一支专业的短视频制作团队，团队成员包括摄影师、剪辑师和文案策划。他们精心策划每一个视频内容，从服装的搭配展示，到饰品的细节特写，再到生动有趣的文案描述，力求吸引用户的眼球。

为了提高视频的曝光度，孙梦梦还亲自出镜，担任模特和主播。她凭借自己甜美的形象和热情的讲解，逐渐吸引了一批粉丝的关注。在视频中，她不仅展示产品的特点和优势,还分享一些时尚穿搭技巧,与粉丝建立起了良好的互动关系。

同时,孙梦梦在短视频平台上开设了直播带货专场。每周固定时间,她都会准时开播,为观众带来最新的服装和饰品款式。在直播过程中,她会实时解答观众的疑问,提供个性化的穿搭建议,还会推出各种优惠活动,吸引观众下单购买。

随着短视频和直播带货的持续发力,孙梦梦的销售平台逐渐迎来了转机。流量大幅增加,订单量也不断攀升,平台终于实现了扭亏为盈。曾经濒临困境的平台,在短视频平台的助力下,重新焕发出了生机与活力。

顺势而为的重要性在于它能够帮助我们减少不必要的阻力,抓住时代赋予的机遇。在第四次技术革命的浪潮中,人工智能、物联网、大数据等技术正在重塑全球经济格局。那些能够敏锐捕捉到这些趋势的组织和个人,通过提前布局、调整战略,能够更好地融入时代潮流,实现快速发展。顺势而为也并非盲目跟风,而是基于对时代大势的深刻洞察,调整自己的行动方向,从而与时代脉搏同频共振。

借势而行则是在顺应趋势的基础上,进一步利用外部环境的力量,实现自身的发展。在碳中和重构全球经济版图的背景下,许多企业通过借势实现了转型升级。例如,一些传统能源企业借助政策支持和市场需求,积极布局新能源领域,不仅实现了自身的可持续发展,还获得了新的增长点。借势而行的关键在于找到合适的杠杆支点,以最小的代价撬动最大的资源。这不仅需要敏锐的洞察力,还需要灵活的策略和坚定的执行力。通过借势,个体和组织能够在复杂多变的环境中找到突破点,将外部压力转化为自身发展的动力。

无论是顺势而为还是借势而行,洞察时局都是基础。通过学习和实践,不断丰富知识储备,拓宽视野,提升对时代趋势的感知能力。在面对新的趋势时,适应变化是关键。要保持开放的心态,勇于调整自己的策略和行动方案。通过不断探索新技术、新模式，将自身的优势与时代趋势相结合，创造出独特的价值。例如，一些企业通过数字化转型，将传统业务与互联网技术相结合，实现了业务的升级和拓展。这种创新不仅提升了企业的竞争力，而且为整个行业的发展提供了新的思路。

7. 大成就是很多小成功的积累

远古时期，英国巨石阵的建造者们无论如何也想不到，他们用鹿角镐开采青石的举动，实际上在不知不觉中为后人积累了建筑力学的原始经验。每一块重达30吨的砂岩，要从威尔士运到索尔兹伯里平原，需要200人连续工作30天，这个过程看似效率很低。但就在不断尝试搬运的过程中，滚木运输法和杠杆原理的雏形诞生了。考古学家在采石场遗址发现工具不断更新换代的痕迹，这清楚地表明，史前人类正是通过这些微小的改进，完成了看似不可能完成的任务。

1905年，爱因斯坦还在专利局狭小的办公室工作，就在这样的环境里，他凭借五个公式，彻底改变了人类认识宇宙的视角。或许很多人不知道，这五篇具有划时代意义的论文，背后是上千张满是演算痕迹的草稿。在这些草稿里，90%的计算结果最终都被证实是错误的。

在现代医学领域，癌症免疫疗法取得突破，而这背后是数万次失败的实验。詹姆斯·艾利森团队花了15年时间，测试了487种抗体组合，结果只有3种显示出一点点疗效。但别小看这些看起来没啥用的数据，它们最终拼凑出了CTLA-4抑制剂完整的作用机制。每一次失败的实验，都在缩小可能的范围，就好像淘金者用筛网把没用的砂砾筛掉一样。

再看看东京羽田机场，它连续十年被评为全球最准时的机场，这个成绩的秘诀藏在一位清洁工新津春子的工作日志里。她把89种清洁工具的使用场景，根据不同的航站楼区域进行了细致划分，还通过3000次地面摩擦测试，找出了最佳清洁路线。正是这种把看似平凡的清洁工作，拆解成一个个可优化单元的能力，让机场的准点率从78%提高到96%。

可以发现，那些能够改变世界的突破性成果，都是由无数看似不起眼的微小成功逐步积累而成的。每一次正确的推导、每一个被验证的小结论，都像聚沙成塔，垒起了改变世界的伟大成就。

在现代社会，人们常常渴望一夜之间的巨大成功，却忽视了积累的力量。行为经济学家发现，人类大脑对线性增长的感知存在严重偏差。例如，当一个健身爱好者每天增加1个俯卧撑时，3个月后他的运动量将增长900%，但主观感受却仍然是只做了微小的改变。这种认知偏差既可能成为进步的阻碍，也可能转化为复利效应的启动杠杆。

这是因为我们的大脑往往高估了短期的努力，却低估了长期积累的力量。当我们每天坚持一个小目标时，虽然每次的进步看似微不足道，但随着时间的推移，这些微小的进步会像滚雪球一样，逐渐积累成巨大的成就。

神经科学的研究表明，人类的多巴胺分泌机制更适应小步快跑的成功模式。多巴胺是一种与愉悦感相关的神经递质，当我们完成一个小目标时，大脑会分泌多巴胺，从而产生满足感和成就感。例如，当一位作家每天完成800字的写作目标时，他的创作持续性比那些突击写作的同行高出5倍。这是因为小步快跑的模式能够持续刺激大脑分泌多巴胺，从而形成一种正向反馈循环,激励我们不断前进。这种生理机制也解释了中国古人"不积跬步,无以至千里"的智慧。

郭小芸,一个再普通不过的女孩,智商平平,相貌平平,也没有任何家世背景。大学毕业后,她进入一家销售公司,成为了一名基层销售人员,拿着微薄的薪水,每天奔波在城市的各个角落。

起初,郭小芸的销售业绩并不理想。她性格内向,不擅长与人沟通,每次打电话推销产品,心里都充满了紧张和不安。但她没有放弃,她知道自己没有捷径可走,只能一步一个脚印地努力。

为了提升自己的销售能力,郭小芸开始从最基础的事情做起。她每天都会花大量的时间研究公司的产品,了解产品的特点、优势和使用方法。她还会阅读各种销售技巧的书籍,学习如何与客户建立良好的关系,如何有效地沟通和说服客户。

除了提升专业知识和技能,郭小芸还非常注重细节。她会认真对待每一个客户,无论客户的需求大小,她都会尽力满足。她会在客户生日时送上祝福,会在客户遇到问题时第一时间提供帮助。这些看似微不足道的举动,却让她赢得了客户的信任和好感。

随着时间的推移,郭小芸的努力开始慢慢得到回报。她的销售业绩逐渐提升,客户也越来越多。但她并没有因此而满足,她知道自己还有很大的提升空间。

为了进一步拓展业务,郭小芸开始主动寻找新的客户群体。她通过参加各种行业展会、研讨会等活动,结识了很多潜在客户。她会主动与他们交流,了解他们的需求,并向他们推荐适合的产品。

在与客户交流的过程中,郭小芸发现很多客户对公司的产品并不是很了解，导致他们在购买时会犹豫不决。于是，她决定制作一份详细的产品介绍手册，帮助客户更好地了解公司的产品。这份手册不仅包含产品的基本信息，还包括产品的使用案例、客户评价等内容，非常实用。

这份产品介绍手册的推出，受到了客户的一致好评。很多客户在看过手册后，对公司的产品有了更深入的了解，从而增加了购买意愿。郭小芸的销售业绩也因此得到了大幅提升，后来，她成为了公司的销售冠军。

凭借着出色的销售业绩和工作能力，郭小芸逐渐得到了公司领导的认可和赏识。她被提拔为销售主管，负责带领团队完成销售任务。在担任销售主管期间，郭小芸充分发挥自己的领导才能，带领团队取得了优异的成绩。

后来，公司的销售总监离职，郭小芸再次凭借着自己的实力和经验，以及手中积累的客户，竞聘成功。而走到这一步，郭小芸用了十年的时间。

那些看似偶然的灵光乍现，实则是无数微小尝试构建的概率叠加。在现实生活中，许多人在追求突破性创新时，常常因为急于求成而忽略了琐碎的尝试。然而，正是这些看似无关紧要的尝试，为最终的成功奠定了基础。真正的成就艺术不在于追逐惊天动地的瞬间，而在于把每个0.01%的改进变成永不停歇的信仰。

因此，我们需要设定清晰且可达成的小目标。目标不需要宏大，但必须具体且可衡量。例如，每天坚持阅读10页书、每周完成一次短跑训练。同时要建立正向反馈机制，通过记录自己的进步，不断激励自己前进。例如，可以使用记事本、应用程序或日历记录每天的成就，让这些记录成为自己坚持的动力。最后，我们需要保持耐心和毅力，相信微小的改变终将积累成巨大的力量。

三、江湖能力

1. 吃得开的处世智慧

九零后女孩林悦入职某国企三年连升两级，成为最年轻的项目组长。她的秘诀是每天早到15分钟帮老同事擦桌子泡茶，在食堂专门记住每个人的忌口，年终汇报时把部门成绩归功于团队协作。当竞争对手忙于在领导面前表现时，她默默整理了十年来的项目资料库，成为全部门的活百科。这种既建立情感联结又创造实际价值的能力，让她在民主测评中连年高票当选优秀员工。

名校毕业的王工是公司顶尖的技术专家，却正陷在职业困境中。他在会议上直言领导方案存在漏洞，用专业术语怼哭过实习生，团建时总躲在角落刷手机。当部门竞聘主管时，尽管技术评分第一，却因同事打分过低出局。

这恰恰印证了哈佛商学院的研究结论——专业能力决定职场下限，人际智慧决定发展上限。在中国，吃得开不仅是一种社交能力的体现，更是一种深刻的人际交往智慧。

社会交换理论指出，人际关系的本质是价值互换，人们在互动中会权衡付出的代价与获得的回报。这种交换不仅包括物质资源，更重要的是非物质资源，如情感支持、尊重和倾听。在日常生活中，那些吃得开的人往往更擅长在关系中进行情感价值的交换。他们通过提供情感支持、尊重他人意见等方式，积累更多的"情感存款"，从而在社交中获得更多的回报。

共情缺口效应揭示了普通人通常只能感知他人30%的情感需求，而那些吃得开的人能够达到65%。这意味着，能够更好地理解他人情感需求的人，更容易在社交中建立深度连接。这种深度连接不仅能够增强关系的稳定性，还能在关键时刻获得他人的支持和帮助。例如，一个善于倾听他人烦恼并给予真诚建议的人，往往更容易在社交圈中获得认可和信任。

心理学家提出的关系账户理论认为，日常的小额情感投入如关心、鼓励、尊重，能够在关键时刻支取大额信用。这种小额情感投入类似于在关系账户中不断"存款"，而当需要支持时，这些"存款"就会成为强大的后盾。例如，一个经常在团队中给予同事鼓励和支持的人，当自己遇到困难时，也更容易获得团队的帮助。

在北京纵横交错的胡同深处，有一家被岁月温柔抚摸过的涮肉店。这家店的招牌，在风雨的洗礼下略显斑驳，却依旧散发着独特的魅力。店主老张，一位头发微微泛白、脸上总是挂着憨厚笑容的中年人，已默默经营这家店长达三十年之久。

走进店里，浓郁的铜锅涮肉香气便扑鼻而来。店内的装修简单质朴，四方的木桌、长条的板凳，墙上挂着几幅老北京风情的画，处处都透着浓浓的老北京韵味。在这个外卖订单如潮水般涌来的时代，老张却始终坚守着自己的原则，从未将店铺挂上任何外卖平台。他常说："涮肉这东西，就得趁热吃，堂食才有那味儿。我就想守着这一方小店，为来店里的食客们烹煮最地道的涮肉。"

每到旺季，店里总是座无虚席，热闹非凡。食客们围坐在热气腾腾的铜锅旁，欢声笑语不断。然而，细心的人会发现，在这热闹的店内，总有两张桌子空着，格外显眼。这两张神秘空桌，是老张特意为邻里街坊留下的。比如胡同里的李大爷家孙子满月，张婶家来了远方亲戚等等，只要跟老张提前打个招呼，这两张桌子便随时可用。有一回，隔壁胡同的赵大哥要在家中举办家庭聚会，一时找不到足够的桌椅，心急如焚地找到老张。老张二话不说，不仅帮忙把桌椅搬到赵大哥家，还贴心地教他如何在家中煮出地道的涮肉。这暖心的举动，让胡同里的居民们都对老张赞不绝口，他的涮肉店也自然而然地成了大家心中的公共会客厅。

老张的热心肠，体现在生活的点点滴滴中。平日里，街坊邻居找他借个锅碗瓢盆、搬个重物，他总是有求必应。遇到新客慕名而来，他会满脸笑容地送上自家精心腌制的糖蒜，详细介绍店里的招牌菜品，从手切鲜羊肉的鲜嫩口感，到麻酱小料的独特调配，无一不细致入微。隔壁杂货店的雨棚被大风刮坏了，老张得知后，主动拿着工具前去帮忙修理。在修理的过程中，他还和杂货店老板唠着家常，一来二去，两人的关系愈发亲近，胡同里的商家们也都和老张成了好朋友。

老张的为人处世，将中国人所熟悉的"吃得开"诠释得淋漓尽致。他从不刻意讨好他人，也不会为了利益而精于算计。他的热情和善良，如同冬日里的暖阳，温暖而不炽热。每一个举动都让人感到无比舒适，却又恰到好处地把握着分寸。在老张看来，开涮肉店不仅仅是为了谋生，更是为了在这一方小小的天地里，与邻里们相互扶持，共同守护这份浓浓的烟火人情。他的涮肉店，早已不只是一个品尝美食的地方，更是承载着胡同记忆与邻里情谊的温暖港湾，见证着一代又一代北京人的生活变迁。

吃得开的本质在于通过情感价值的交换，建立深度的人际连接，并通过日常的小额情感投入积累信任和信用。这种能力不仅能够帮助个人在社交中获得更多的支持和机会，还能在复杂的人际关系中保持稳定和优势。

在建立关系账户的过程中,我们可以借助一些具体的工具和方法来实现情感价值的积累和增值。首先,每日存入三枚"情感硬币":一句真诚的赞美、一次主动的分享和适度的示弱。这些小小的举动能够悄无声息地拉近彼此的距离,为关系账户持续充值。同时,定期清理人际坏账也至关重要,对于那些单向索取的人,要学会设置边界,用"最近确实比较忙"这样的温柔话语拒绝不合理要求。此外,掌握利息增值技巧,比如记住对方孩子的升学时间,或者及时夸奖同事的新发型,这些细节上的关注能让关系账户的利息不断增长,让情感投资产生更大的回报。

在修炼共情能力时,可以通过一些场景化的训练来提升自己对他人情绪的感知和理解。例如,在晨会上,观察领导握笔的力度来判断其心情指数,从而调整自己的沟通方式;在聚餐时,自然地模仿对方的身体角度,以此拉近心理距离;还可以尝试将负面的反馈转化为建设性的建议,比如把"这个方案不行"转化为"我们可以优化三个细节"。通过这些小技巧,我们不仅能更好地理解他人的情感需求,还能在互动中展现出更多的同理心和智慧。

最后,掌握一些小技巧,让我们能够在复杂的人际关系中保持灵活。比如在茶水间闲聊时,可以"不小心"透露一些无关紧要的信息来换取对方的信任;在提出利己的建议时,用"我觉得这样对您更好"来包装,让对方更容易接受;对于敏感话题,保持"理解但不站队"的态度,避免不必要的冲突。这种既不过于激进也不完全退缩的社交策略,能够帮助我们在复杂的人际环境中游刃有余,同时维护良好的关系和自身的立场。

真正吃得开的人,都是人性平衡术的大师。他们像顶级咖啡师般精准调配人情冷暖的比例,既有拉花般的细腻技巧,又深谙不同咖啡豆的烘焙火候。这种能力不是与生俱来的天赋,而是可以通过认知升维和刻意练习获得的生存技能。

2. 有德行才能赢尊重

某基金会理事长陈某 20 年来捐款超十亿，却在豪宅中被警方带走。调查发现其善款流向关联企业，助学项目实为洗钱通道，受助学生名单多是官员子女。更讽刺的是，他办公室墙上挂满与受助儿童的合影，每张照片背后都标注着"可抵税金额"。这个用善行包装恶意的案例，印证了那句话："挟道德以谋私者，其罪倍于常人。"

在现实生活中，我们常常会看到一些人试图用道德来绑架他人，这种行为不仅不能真正体现道德的价值，反而会让人感到不适和反感。比如，有人会用"不捐款就是没良心"这样的话语来强迫他人做出所谓的道德选择。这种看似正义的指责，实际上是一种对他人自由意志的侵犯，将道德作为一种工具来施加压力，而不是出于真正的善意和理解。真正的道德应该是建立在自愿和共情的基础上，而不是通过强制和指责来实现的。

有些人将德行当作一种交易货币，试图通过过去的善行来换取他人未来的回报。这种行为在本质上已经背离了道德的初衷。例如，当一个人说"我帮过你,现在该回报了",这种看似合理的诉求实际上是一种对道德的功利化。它将人与人之间的关系简化为一种利益交换,而不是基于真诚和无私的相互支持。以德行为筹码,不仅会破坏人际关系的纯粹性,还会让道德本身变得廉价和功利。

还有一些人会在弱势群体身上实践所谓的道德优越感。比如,对着乞丐谈奋斗,这种行为看似是在传递正能量,但实际上却是一种对他人困境的忽视和不尊重。它没有考虑到对方的实际处境,而是以一种高高在上的姿态去评判和教导他人。不仅无法真正帮助到弱势群体,反而会让他们感到被冒犯和不被理解。

实验证明,持续 6 周的道德行为能够改变大脑前额叶皮层的结构,使人在决策时更倾向于做出利他的选择。这种变化揭示了道德行为对个体决策的深远影响,表明通过持续的道德实践,人们可以逐渐培养出更倾向于利他的行为模式。

还有研究表明,单次失信行为需要 7 次善举才能修复信用。这意味着在人际关系和社会互动中,道德行为不仅是短期的付出,更是长期积累的资本,它能够为个人或组织带来更广泛的社会信任和合作机会。

  作为医生,王康保持着零投诉的优异纪录。

  每次接诊时,王康总有三个标志性动作:当遇到坐轮椅的患者,他会毫不犹豫地蹲下,与患者平视,让患者在最脆弱的时刻感受到平等与尊重;在使用听诊器前,他会习惯性地用手焐热听诊器,哪怕只是几秒钟的时间,也能让患者在冰冷的医疗器械接触身体时,感受到来自医生的温暖,避免因突然的凉意而产生不适;在为患者诊断后,他还会在病历本上仔细地画出症状示意图,用简单易懂的方式向患者解释病情,让患者能够清晰了解自己的身体状况,缓解他们对疾病的恐惧感。

  王康面临的挑战远不止处理医患关系。有一次,一位医药代表找到王康,拿出厚厚的一沓现金,暗示只要他多推荐自家公司的药品,这些钱就归他所有。王康当场严词拒绝,因为他知道,这种行为不仅违背自己的职业操守,更会损害患者的利益。

为了从根本上杜绝这种不良现象,王康潜心研究,发明了"透明处方系统"。这个系统将每一次药品的使用详情公开透明化,患者和医院都能清晰看到药品的来源、使用原因和费用明细。同时,他还积极与药企沟通,将原本用于贿赂的赞助资金转化为贫困患者救助基金。这一举措不仅净化了医疗环境,还让患者得到了实实在在的帮助。

德行不是无菌室中的标本,而是暗室里的手电筒。真正的德行不是孤立于现实世界的完美典范,而是能够在复杂多变的环境中发挥作用的内在力量。它不需要脱离尘世的喧嚣,而是要在生活的泥泞中展现出其价值。

在道德模糊的环境中,保持鞋面的洁净固然重要,但更重要的是学会在淤泥中种植莲花。我们无法改变环境的复杂性,但可以选择如何在其中生活。与其在道德的边缘徘徊,不如勇敢地踏入泥潭,用我们的智慧和勇气去净化环境,去创造价值。

在面对恶时,确保至少有三层隔离。这三层隔离分别是:道德的反思、行为的约束和后果的评估。道德的反思要求我们在面对恶行时,始终保持对自身行为的审视,确保我们的选择是出于对更高价值的追求,而不是简单的妥协。行为的约束则意味着我们需要设定明确的界限,确保我们的行为不会滑向不可挽回的深渊。而后果的评估要求我们对行为的结果进行充分的预估,确保我们的选择能够带来最小的伤害和最大的利益。通过这三层隔离,我们可以在面对复杂道德选择时,保持清醒的头脑,做出既符合道德原则又符合现实需要的决策。

将个人私欲转化为公共福祉,是德行在更高层次上的体现。个人私欲本身并非完全负面,它是我们内在需求和欲望的自然表达。当我们将这些私欲与公共利益相结合时,它们就有可能成为推动社会进步的力量。

这种转化需要我们具备高度的自我认知和社会责任感，能够在个人利益与公共利益之间找到平衡点。当我们能够将个人的追求与社会的需求相结合时，不仅能够实现个人的价值，还能够为社会带来积极的变化。这种能力是德行的最高境界，也是我们在复杂社会中实现自我超越的关键。

真正的智慧在于将道德行为作为根基，结合现实考量和自我保护机制。具体而言，智慧可以被视为90%的德行根基加上7%的现实考量以及3%的自我保护机制。这种结构化的智慧观念，不仅强调了道德行为在个人和社会层面的重要性，而且提醒我们在复杂的社会环境中，需要适度的灵活性和自我保护意识，以实现道德与现实的平衡。

3. 用霸气压人而非脾气

真正的权力艺术不在于声嘶力竭的征服，而在于对人性弱点的精准制导。

霸气可以被定义为威慑力与控制精度的乘积。也就是说，领导者在展现权威时，必须具备足够的威慑力来让团队成员信服，同时还要精准地控制情绪和行为，避免过度或失控。例如，NBA马刺队教练波波维奇"死亡凝视"就是一种威慑力的体现，而他在关键时刻的爆发性施压则是精准控制的展现。这种霸气能够让团队成员在敬畏中保持尊重，同时也能激发他们的斗志。通过精准的威慑，领导者能够在团队中树立权威，同时避免因情绪失控而引发的负面连锁反应。

相比之下，脾气则是冲击力与失控系数的乘积。这种情绪表达方式往往意味着领导者在面对压力或挑战时，无法有效控制自己的情绪，从而导致情绪失控。例如，一个领导者在团队会议上突然大发雷霆，这种情绪的爆发可能会在短期内产生一定的冲击力，但长期来看，却会破坏团队的凝聚力和信任感。下属往往会无意识地模仿领导者的情绪模式，如果领导者频繁表现出暴戾情绪，这种情绪可能会在组织内引发链式反应，导致团队氛围紧张、效率低下，甚至引发内部冲突。

有效的威慑可以被分解为三个部分：30%的实力展示、50%的不确定性以及20%的留白空间。实力展示是威慑的基础，领导者需要通过自己的专业知识、经验和成就来赢得团队成员的尊重。这种展示并非是为了炫耀，而是为了让团队成员清楚地认识到领导者的实力和能力。不确定性是威慑的关键。领导者需要让团队成员明白，他们无法完全预测领导者的反应和决策，从而产生敬畏感。这种不确定性并不是通过随意或不可预测的行为来实现的，而是通过合理的规则和原则来体现的。留白空间则是一种水准。领导者需要在某些情况下保持沉默或不完全表达自己的意图，让团队成员自行思考和揣摩。这种留白不仅能够激发团队成员的自主性，还能让领导者在关键时刻拥有更大的操作空间。

张野凭借着卓越的技术才能，在 IT 领域崭露头角，年纪轻轻就成为了一家颇具规模的 AI 公司的 CEO。

张野对技术有着极高的要求，在代码评审会上，他总是以最严苛的标准审查代码。一次，当他发现团队成员编写的代码存在一些他认为不可容忍的错误时，瞬间怒火中烧。他猛地站起身来，拿起马克笔在代码文档上用力圈出错误之处，同时大声怒吼："这写的什么垃圾！你们到底有没有用心？"那炸裂的声音在会议室里回荡，吓得在场的团队成员们大气都不敢出。

公司组织团建活动时，张野的坏脾气也暴露无遗。在一家热闹的火锅店，大家本想借着团建放松身心，增进团队情感。然而，由于用餐高峰期，服务员上菜速度稍慢了一些。张野顿时失去了耐心，他脸色铁青，二话不说，猛地伸手掀翻了面前的火锅。滚烫的汤汁溅得到处都是，周围的同事们惊慌失措，原本欢乐的团建活动就这样被他的冲动行为搅得一团糟。

尽管在张野担任 CEO 的三年时间里，他带领团队成功突破了五项核心技术，让公司在技术层面取得了显著的进步。但他的"情绪暴力"却像一颗定时炸弹，逐渐侵蚀着团队的凝聚力。据统计，高达 37% 的核心员工因为无法忍受他的坏脾气而选择离职。这些员工在离职面谈中纷纷表示，虽然张野在技术上无可挑剔，但他的情绪化管理让大家每天都处于巨大的压力之下，工作氛围异常压抑，根本无法安心工作。

随着核心员工的不断流失，公司的项目推进受到了严重影响。新加入的员工难以快速融入团队，工作交接出现了诸多问题。曾经充满活力和创造力的团队，如今变得人心惶惶，士气低落。张野却没有意识到问题的严重性，依然我行我素，继续以他火爆的脾气对待工作和团队成员。

终于，董事会对张野的行为忍无可忍。在一次重要的董事会会议上，经过激烈的讨论和权衡，董事会罢免了张野的 CEO 职务。这位曾经的 IT 明星，就这样因为无法控制自己的情绪，从事业的巅峰跌落谷底。

控制脾气是提升个人修养和领导力的重要一环。一种有效的方法是通过简单的生理动作来激活理性思维。例如，将舌头抵住上颚并保持 3 秒，能够迅速激活大脑的理性区域，就像按下情绪的"黄灯"，提醒自己冷静下来。此外，转动戒指或抚摸头发，只要是自我设定的不伤及自己或他人的小动作，都能用来帮助触发自己的镇定反射，帮助你在冲动的边缘及时刹车，像按下情绪的"红灯"。这些小技巧能够在情绪失控之前，为理性思考创造时间，避免不必要的冲突和后悔。

另一种方法是将攻击欲转化为高强度运动。当你感到愤怒或冲动时，身体会分泌大量的肾上腺素，这种生理反应往往会加剧情绪的失控。通过进行高强度的运动，如快速奔跑、击打沙袋或做俯卧撑，可以将这种多余的能量释放出来，同时让大脑分泌内啡肽，帮助缓解紧张情绪，恢复平静。这种转化不仅能够避免情绪的爆发，还能通过运动带来的愉悦感来改善心情。

此外，将每次失态折算成慈善捐款也是一种有效的自我约束方法。每次情绪失控后，为自己设定一个捐款金额，如 10 元或 20 元，然后将这些钱捐给慈善机构。这种方法不仅能够通过经济手段来约束自己的行为，还能让失控的情绪转化为对社会有益的贡献。这种双重效果不仅有助于控制脾气，还能提升个人的社会责任感。

在训练霸气方面，可以通过调整声音和语速来增强自身的权威感。将音调降低八度，语速放慢30%，并配合胸腔共鸣发声，能够让你的声音更具沉稳和力量感。这种声音的变化不仅能够让你在对话中显得更加自信和从容，还能让对方感受到你的坚定和权威。通过这种方式，你可以在不依赖情绪爆发的情况下，展现出强大的气场。

在关键对话中制造3秒的沉默真空，用凝视替代语言施压，也是一种有效方法。沉默往往比言语更有力量，它能够让对方感受到一种无形的压力，同时也能让你在对话中占据主导地位。这种短暂的沉默不仅能够让你在情绪上保持冷静，还能让对方在心理上产生敬畏，从而增强你在对话中的影响力。通过这些技巧的练习，你可以在关键时刻展现出真正的霸气，而不是依赖于情绪的冲动。

公司新贵和商场老狼在谈判桌上针锋相对，场面剑拔弩张。此时，真正的赢家绝非那些拍案而起、肆意咆哮的人。有些人看似气势汹汹，实则只是荷尔蒙失控下的情绪宣泄。真正掌控局势的，是能用沉稳气场压制全场的低频振动者。他们不怒自威，举手投足间散发着可控的威慑力，以冷静与睿智掌控谈判节奏，最终成为博弈的胜利者。

4. 财散人聚的豪气

北宋汴京虹桥下，茶商周大官人每月初八摆出"神仙桌"：过路脚夫可自取铜钱三贯，贩夫走卒能赊账半年，落魄书生可支取十年读书银。这种看似疯狂的散财之举，却让他的商队成为中原第一镖，盗匪见"周"字旗必退避三舍。千年后的资本市场中，这种散财聚人的智慧正以更精密的形态重生。

若是散财就能聚人这般简单，那世间的事就没那么千头万绪了。头部主播龙哥曾经在直播界风光无限，每晚直播时，他大手一挥，撒币百万，只为博粉丝一笑，直播间人气爆棚。在培养新人方面，他重金扶持徒弟，本以为能收获师徒情谊与事业助力，没想到徒弟们羽翼渐丰，集体跳槽。此时他才发现，当初签订的合约漏洞百出，根本无法约束这些人。

龙哥一直以为用钱就能堆砌起稳固的流量王国，却不知这只是一碰就碎的泡沫。当税务稽查风暴来袭，他的商业帝国瞬间崩塌。曾经那些围绕在他身边，口口声声喊着"家人"的人，在利益消失后，作鸟兽散。

在组织管理中，财散人聚的理念早已深入人心，它强调通过慷慨分配利益来凝聚人心，实现共同的目标。这种策略的核心在于，当成员感受到组织的慷慨与关怀时，他们更愿意为组织的长远发展贡献力量。利益的合理分配不仅能满足成员的物质需求，更能激发他们的内在动力，使其超越单纯的经济利益考量，形成一种共同的价值观和使命感。例如，许多成功的企业家通过股权激励、利润分红等方式，让员工分享企业的成长红利，从而激发员工的积极性和创造力。这种基于利益共享的模式，能够让团队成员感受到自己是组织成功的一部分，进而增强他们的归属感和忠诚度。

然而，财散人聚并非简单的利益分配，更是一种基于信任和文化的深度绑定。仅仅依靠金钱的激励是远远不够的,因为利益的结合往往是脆弱的,一旦利益消失,团队成员的凝聚力也会随之瓦解。真正的人聚需要领导者在利益分配的基础上,构建一种更深层次的文化和价值观体系。这种体系能够让成员感受到组织的温暖和关怀,让他们相信自己不仅仅是利益的分享者,更是组织发展的参与者和建设者。只有当成员在组织中找到归属感和成就感时,他们才会真正与组织同呼吸、共命运。

行业寒冬期,星火俱乐部面临着巨大的资金压力,队员们的工资发放都成了难题。陈岩没有丝毫犹豫,毅然将自己的个人房产抵押,筹集资金维持俱乐部运转。不仅如此,他还做出了一个惊人决定:把战队80%的收益分给队员。这一做法在当时的电竞圈引起了轩然大波,许多人都认为他太冒险,但陈岩却坚信,只有让队员们切实感受到被重视,才能激发他们的潜力。

为了进一步激励队员,陈岩精心设计了"段位股权"制度。每赛季表现最为出色、荣获MVP的选手,能够获得0.5%的干股,这意味着选手不仅能在比赛中赢得荣誉,还能享受到俱乐部发展带来的经济红利。而对于退役选手,陈岩也没有忘记他们的付出,给予他们保留3年分红权的待遇。这一创新制度让队员们看到了自己在俱乐部的长远价值,大家训练更加刻苦,团队凝聚力也越来越强。

在陈岩的努力下,原本只是二流水平的星火战队,逐渐崭露头角。队员们凭借着精湛的技术和紧密的配合,一路过关斩将,实现了令人瞩目的三连冠。这不仅让星火俱乐部名声大噪,也吸引了众多赞助商的关注。

随着俱乐部的发展壮大,队员们对陈岩的感激之情转化为实际行动,"选手反哺计划"应运而生。那些曾经在战队中成长起来的老队员,纷纷慷慨解囊,集体注资千万用于扩建青训基地。他们希望能为俱乐部培养更多优秀的电竞人才，延续星火的辉煌。

此时，其他电竞俱乐部看到星火的成功，纷纷抛出天价合同试图挖角星火的核心成员。面对这些巨大的诱惑，星火的队员们却无人动摇。他们集体回应："我们不是在打工，是在建帝国。"这句简单却有力的话语，道出了他们对星火俱乐部的深厚情感。在他们心中，星火不仅仅是一个工作的地方，更是他们共同奋斗、实现梦想的家园。

正如在鱼类养殖中，投喂量需精确控制在让鱼群保持饥饿又充满期待的状态，这种策略同样适用于激励团队成员。领导者需要精准地把握激励的"投喂量"，既不能让团队成员过于安逸，失去进取心，又不能让他们感到过度饥饿，失去动力。通过这种方式，团队成员始终保持对目标的渴望和对未来的期待，从而在工作中保持高效和积极性。这种精准的激励策略不仅能提高团队的整体绩效，还能增强成员对组织的忠诚度。

黑暗镜像策略则强调在明处散财，在暗处布网。这种策略的核心在于通过公开的激励措施如奖金、晋升等，来调动团队成员的积极性，同时在背后建立一套完善的监督和评估机制，确保团队成员的行为符合组织的长期利益。这种明暗结合的方式既能激发团队成员的积极性，又能避免过度依赖单一的激励手段，从而在组织内部形成一种动态平衡。通过这种方式，组织可以在激励与约束之间找到最佳平衡点，实现可持续发展。

定期淘汰10%受益者是一种看似残酷却极具实效的管理策略。通过这种方式，组织可以制造一种适度的危机感，让团队成员始终保持警惕，不敢懈怠。这种策略的核心在于打破舒适区，让团队成员明白，即使已经取得了一定的成绩，也不能满足于现状。通过定期淘汰表现不佳的成员，组织不仅能够保持团队的活力和竞争力，还能激励成员不断提升自己，追求更高的目标。这种策略虽然可能会带来一定的短期阵痛，但从长远来看，它能够帮助组织在激烈的市场竞争中保持领先地位，实现持续发展。

安东尼奥的悲剧根源并非他的慷慨,而是没能把散财行为发展成一套成熟的制度。真正善于赢得人心的人,就像经验丰富的顶级园丁打理树木一样,精心经营利益关系。既让大家从利益中受益,如同繁茂枝叶为众人提供荫蔽,又能凭借巧妙布局,像通过根系掌控森林那样,牢牢把控全局。当我们透过金钱往来洞察人性的复杂,就能把散财时展现的豪气,转化为凝聚人心的强大力量。

5. 用正气吸引同道中人

在宋代,包拯凭借着三口铡刀名震四方。龙头铡作为三口铡刀中最为特殊的存在,象征着包拯敢于对违法皇亲国戚动用非常手段。在封建等级森严的社会,皇亲国戚往往身份尊崇、权势滔天,寻常律法难以约束他们的行为。但包拯却凭借这把龙头铡,打破特权阶层的法外逍遥,即使面对皇室宗亲的违法乱纪,也绝不姑息,以雷霆手段捍卫法律的尊严,让整个统治阶层都意识到法律面前人人平等,无人可置身法外。

虎头铡主要针对官僚阶层,彰显出制度的刚性。官员们身负治理国家、服务百姓的重任,却不乏有人利用职权谋取私利、贪污腐败。虎头铡的存在,让官员们时刻警醒,一旦触犯法律红线,必将受到严惩。包拯用它斩断了诸多官场的贪腐链条,无论官职多高、权力多大,只要违法,都逃不过这口铡刀的制裁,使得官僚体系在制度的威慑下不敢肆意妄为,维护了官场的清正廉洁和行政的公正高效。

狗头铡针对的是普通百姓,起到了道德教化的作用。虽然普通百姓看似远离权力核心,但他们的行为同样关乎社会的稳定与和谐。当有人触犯法律底线,包拯便以狗头铡行刑,公开公正的惩处向百姓们传递着明确的道德与法律准则。让民众明白善恶是非,知晓违法的严重后果,从而在民间形成良好的道德风气,引导百姓自觉遵守法律,维护社会秩序。

正气作为一种符合道德、正义和良知的内在品质,以及由此展现出的正直、勇敢、诚信和善良的行为特征,具有深厚文化底蕴,它在中国传统文化中占据着重要地位,被广泛应用于现代社会的道德评价和行为规范中。

在中国传统文化中，正气被视为一种高尚的道德品质，是君子所追求的理想境界。孟子曰："吾善养吾浩然之气。"这里的"浩然之气"就是对正气的一种描述，它是一种正大光明、刚正不阿的气魄。正气体现在个人品德上，就是坚持正义，不屈服于邪恶，不为利益所诱惑。例如，宋代的文天祥在《正气歌》中写道："天地有正气，杂然赋流形。"他将正气视为天地间的一种正义力量，这种力量能够激励人们在面对困难和挑战时坚守道德底线，保持内心的纯净和坚定。

多年前，一场突如其来的地震，给无数人带来了灾难，也让整个社会陷入悲痛之中。在震后的废墟上，人们艰难地开展着重建工作。林文雄看着临时安置点里的居民们生活逐渐步入正轨，却发现物资采购存在诸多不便。于是，他萌生了一个大胆的想法——在临时板房里创办一家诚信超市。

这家超市与传统超市截然不同，没有收银员，没有导购员，完全无人值守。顾客们自行挑选所需商品，按照标价付款，一切全凭自觉。这一模式一经推出，便引起了轩然大波。外界纷纷质疑，在这样特殊的环境下，人们真的能做到诚实守信吗？甚至有人预言，这家超市撑不过三天就会垮掉。

为了了解超市的实际运营情况，他秘密在超市内安装了摄像头。最初的一个月，情况并不乐观，商品的缺损率高达37%。许多人拿走商品后并没有付款，这让林文雄感到有些失落，但他依然坚信人性本善。

随着时间的推移，情况逐渐发生了变化。人们看到了林文雄对大家的信任，内心的道德感开始觉醒。半年后，当林文雄再次查看摄像头记录时，惊喜地发现商品缺损率降至3%。这一转变让他倍感欣慰，也证明了信任的力量。

更令人意想不到的是,供应商们听闻了诚信超市的故事后,被林文雄的信任之举和居民们逐渐提升的诚信意识所打动,主动提出将商品价格降低30%,以支持这家充满正能量的超市。而家长们也自发地组建了巡查队,利用业余时间到超市帮忙维持秩序,监督商品的选购情况。

就这样,诚信超市在信任与诚信的良性循环中不断发展壮大。林文雄用信任倒逼诚信的做法,取得了巨大的成功。这一独特的商业模式,很快引起了社会各界的广泛关注。许多地方纷纷效仿,这一模式在全国范围内迅速复制,短短几年间,就开设了287家诚信超市。

诚信超市验证了正气也是可以被量化的。它不仅仅是一个购物场所,更是一个传递信任与诚信的平台,让人们在这个特殊的环境中,重新认识到人性中美好的一面。

正气在如今不仅是一种个人的道德品质,更是一种社会行为的规范和价值导向。包括诚实守信、公平公正、乐于助人、勇于担当等。例如,一个正气的人会在面对不公正现象时挺身而出,维护正义;在工作中,他会坚守职业道德,不搞小动作,不做违背良心的事;在生活中,他会关心他人,帮助需要帮助的人。

正气作为社会发展的鼎之三足,相辅相成。法治底线犹如鼎的右足,是正气的坚实保障。法律以其强制性和权威性,划定行为边界,约束人们的行为,确保社会在公平、公正的轨道上运行。无论是对违法犯罪的惩处,还是对公民权益的维护,法治都为正气的伸张提供了坚实后盾,使正义得以在法律框架内实现。

文化传承宛如鼎的左足,承载着历史的厚重与民族的精神内核。从古老的传统美德,如诚信、友善、爱国,到历经岁月沉淀的价值观念,都在文化传承中得以延续。它滋养着人们的心灵,塑造着民族性格,为正气注入源源不断的精神动力。通过代代相传的文化,正气在社会中生根发芽,成为人们内心深处的道德指引。

媒体宣传则是鼎的前足，推动正气在时代浪潮中与时俱进。从新媒体平台的正能量传播，到文化创意作品对正气的生动演绎，媒体宣传让正气更贴近大众生活，引发广泛共鸣，使其在新时代焕发出蓬勃生机。

在苏州沧浪亭畔的五百名贤祠里，林则徐的画像旁刻着"苟利国家生死以"的铭文。林则徐作为近代中国睁眼看世界的先驱，虎门销烟时，特意留下两箱鸦片样本，这么做一方面是为了表明坚决禁烟的态度，另一方面也为日后外交谈判准备了有力证据。他这种行事既刚正又充满智慧的做法，正是中华文化中正气的核心体现。正气是引领我们前行的精神指引，在现实中也发挥重要作用。在如今价值观多元的时代，秉持正气已不再仅仅是道德要求，更是一种能帮助我们在复杂环境中立足的高超生存策略。

6. 用义气将人长久留住

在洛阳关林庙前，一棵千年古柏静静伫立，见证着岁月的沧桑变迁。它的树皮上，密密麻麻嵌满了历代商人祈愿的铜钱。这些往来商贾，不拜掌管财富的财神，却唯独敬重关羽。在他们心中，关羽所代表的义气，是比金钱更珍贵的精神契约。靠着这种义气，东方企业家们跨越了利益的沟壑，编织起更绵长深厚的羁绊，让商业合作有了温情与信任的底色。

义气是一种基于深厚情谊和信任的人际关系准则，它强调在朋友、伙伴或团队中，为对方着想、挺身而出，不惜牺牲个人利益以维护彼此的尊严和利益。义气的核心在于重情重义，它超越了普通的人际交往，体现了一种强烈的责任感和担当精神。在传统文化中，义气常被视为一种美德，如"桃园三结义"中的兄弟情谊，强调的是生死与共、肝胆相照。

义气行为不仅是一种社会行为，更是一种复杂的心理和神经过程。从神经科学的角度来看，当人们表现出义气行为时，大脑的奖赏系统会被激活，释放出类似吗啡的快感物质，如多巴胺和内啡肽。这些化学物质能够带来愉悦感，从而强化个体的亲社会行为。例如，当一个人帮助朋友或为他人挺身而出时，大脑中的腹侧被盖区和伏隔核会被激活，释放多巴胺，从而产生愉悦感。这种神经机制不仅解释了为什么人们愿意做出义气行为，还揭示了这种行为背后的生物学原理。

除了即时的快感，义气行为还会产生长期的心理效应。研究表明，单次义举可以产生持续3至5年的心理负债效应。这种心理负债效应源于人们对帮助者的感激和义务感，它会促使个体在未来回报帮助者的善意。这种心理负债不仅是一种情感上的负担，更是一种社会契约的体现。当一个人接受了他人的帮助，他们会在潜意识中感受到一种义务感，这种义务感会驱使他们在未来做出相应的回报行为。这种长期的心理效应不仅增强了人际关系的稳定性，还促进了社会的和谐与合作。然而，这种心理负债也可能带来一定的压力，因为它要求个体在未来的行为中不断证明自己的忠诚和感激之情。

五金大王刘毅所掌舵的企业，历经风雨，已在行业内颇具威望。然而，行业寒冬不期而至，市场需求锐减，资金链断裂，企业陷入了前所未有的困境。工资发放成了难题，300名老员工的生活面临着巨大的压力。

在企业资金周转近乎停滞的情况下，他决定抵押祖宅。祖宅承载着家族的记忆与荣耀，可员工的生计同样重要。他四处奔走，办理手续，终于成功贷款，为员工发放了半年工资。

时光流转，几年后，企业迎来转型机遇，向智能制造领域进军。这是一场艰难的战役，德国在相关技术上长期垄断，技术攻关难度极大。关键时刻，那些曾被刘毅帮助过的工人们站了出来，自发成立"技术敢死队"。他们三班倒，日夜坚守在实验室与生产一线，饿了就吃几口泡面，累了就趴在桌上小憩。凭借着顽强的毅力和对企业的深厚情感，反复实验，终于成功破解了德国的垄断技术，为企业开辟了新的发展道路。

7名已经离职创业的销售骨干，在得知企业转型需要客户资源时，主动伸出援手。他们不顾商业竞争的压力，将自己辛苦积累的客户资源毫无保留地反哺旧主。最后，在众人的齐心协力下，企业市值逆势增长470%，创造了行业奇迹。

与刘毅形成鲜明对比的，是游戏战队创始人周景冉。周景冉也是一个颇具义气之人，凭借着对游戏的热爱和出色的管理能力，创立了一支颇具潜力的游戏战队。战队中的主力选手，大多是他的多年好友，大家怀揣着夺冠的梦想，并肩作战。

一次重要赛事前夕，主力选手却因个人情绪问题，在赛事期间通宵酗酒。周景冉得知此事后，念及兄弟情谊，没有对选手进行严肃处理，反而选择了默许。当联盟察觉到异常，展开调查时，周景冉更是为了维护选手，伪造训练日志，试图顶包掩盖事实。

然而，纸终究包不住火，事情败露后，战队遭到了联盟的严厉处罚，被永久除名。曾经辉煌的战队瞬间分崩离析，核心成员纷纷离去。在离开时，一位成员无奈地坦言："他把江湖义气凌驾于职业精神之上，我们的梦想也跟着破灭了。"周景冉因毫无底线地看重个人义气，忽视了规则与职业精神，亲手将战队推向了深渊，实在令人惋惜。

在行义气的过程中，"三杯茶规约"通过分阶段的沟通和约定，确保义气行为的合理性和可持续性。

首杯"敬义茶"用于确立道德共识。通过坦诚的交流，双方明确彼此的价值观和行为准则，确保在帮助对方时不会违背自己的道德底线。这种共识能够为后续的互动奠定坚实的信任基础。第二杯"守义茶"则用于设定止损边界，明确自己的底线和能力范围，避免因过度帮助而陷入困境。止损边界是一种自我保护机制，也是一种对对方的尊重。设定合理的边界，才能确保在帮助他人的同时，不会损害自己的利益和原则。

第三杯"续义茶"则用于建立迭代机制。这不仅能够帮助我们更好地适应变化，还能够提升我们帮助他人的能力和效果。

在行义气的过程中，还需要坚守一些基本原则，以避免潜在的风险。"五不借原则"是一个重要的参考。第一，不借身份证。因为身份证涉及个人的法律身份，一旦被滥用，可能会带来严重的法律风险。第二，不借公章。公章代表着组织的权威，随意出借可能会导致资产风险和法律责任。第三，不借妻儿。家庭是个人的避风港，将家人卷入不必要的麻烦可能会带来道德风险。第四，不借信仰。信仰是个人的精神支柱，随意动摇可能会导致精神风险。第五，不借退路。无论在何种情况下，都要为自己留下生存和发展的空间，避免因一时的冲动而陷入绝境。

在威尼斯总督府的地窖里，存放着中世纪商盟的"血契箱"。箱子里那些用鲜血签名的契约，表面上看是情义的象征，实则是包裹着利益的情义外衣。真正的强者，不会打着义气的旗号去强迫别人，而是像技艺精湛的珠宝匠，将情义锻造成环环相扣却可调节的锁链。

在组建和维系一个组织时，最牢固的纽带除了白纸黑字、冷冰冰的合同，还有种充满人情味、让人感到温暖，同时又有一定弹性的情义羁绊。这种羁绊的形成，既需要像江湖儿女一样，怀揣着热血与真诚，真心对待彼此，又需要具备拆解重组的精巧构思，就像搭建精密的机械装置一样。毕竟，任何事物都不是一成不变的，真正能够长久的关系，不是永远固定不变，而是在动态变化中寻求平衡，随着时间和环境的改变不断调整，让情义的纽带始终坚韧。

第二章　率性为道

一、务本

1. 当"本"成为消费主义的祭品

在直播间的喧嚣里,"爱自己"被简单粗暴地兑换成了19.9元的口红套餐。主播们声嘶力竭地喊着"爱自己就从这一支口红开始",将爱与物质画上了等号。消费者们在这种煽动下,以为通过这一支廉价口红就能实现对自己的爱。然而,真正地爱自己,绝非一支口红就能涵盖。这种将情感需求简化为物质消费的行为,正是消费主义的典型手段,它让人们误以为通过购买就能获得幸福和满足。

写字楼里,弹性工作制看似给予了员工更多的自由,让他们能够自由安排工作时间。但实际上,这成为了一种隐形剥削的方式。员工们看似可以在家办公,随时开始和结束工作,但这也意味着工作与生活的界限被彻底模糊。在传统的工作模式下,下班后的时间是完全属于自己的。而在弹性工作制下,员工可能在深夜还会收到工作消息,被要求立即处理。老板们打着"以人为本"的旗号,却在无形中延长了员工的工作时间,榨取了他们更多的价值。员工们为了保住工作,只能默默承受,在这种看似自由的工作制度下,逐渐失去了对生活的掌控权。

社交平台则成为另一个重灾区。自我成长本是一个漫长而艰辛的过程,需要不断地学习、反思和实践。然而,在社交平台上,自我成长却沦为数据算法精心编排的表演剧场。人们为了获得更多的点赞和关注,开始精心打造自己的人设,将自己包装成一个不断进步、完美无缺的形象。他们展示自己学习的瞬间、健身的成果,却很少分享背后的汗水和挫折。数据算法则根据用户的喜好，不断推送类似的内容，让人们沉浸在这种虚假的自我成长幻觉中。真正的自我成长需要面对真实的自己，包括自己的不足和失败，而不是在社交平台上进行一场场华丽的表演。

短视频平台上，15秒就能解构《道德经》，将这部蕴含着深刻哲学思想的经典著作简化为几句简单的金句。观众们在短短15秒内，似乎就掌握了《道德经》的全部精髓，但实际上，他们只是记住了一些表面的话语，根本没有真正理解其中的内涵。知识付费行业更是将庄子包装成了成功学大师，将道家追求的自由、超脱的思想与功名利禄联系在一起。庄子的《逍遥游》本是对精神自由的追求，如今却被解读为如何在职场中获得成功、如何赚取更多的财富。心理咨询行业也未能幸免，存在主义焦虑被变成了可量化的KPI。咨询师们不再关注患者内心深处的痛苦和困惑，而是以解决问题的数量和速度来衡量自己的工作成果。

当精神世界的深层需求被切割成标准化产品，"务本"早已沦为后现代消费主义的共谋。消费主义让我们相信，只要不断地购买，就能填补内心的空虚，实现自我价值。但事实却是，我们在这种无休止的消费中，逐渐失去了对真实世界的感知能力。我们不再用心去感受生活中的美好，不再关注身边人的情感需求，而是将所有的注意力都放在了物质的获取上。

彭媛是一位生活在繁华都市的年轻女子。她希望将来能够努力工作，提升自己，闲暇时去旅行，体验不同的风土人情，结交志同道合的朋友，让生活充满意义。

起初，彭媛只是偶尔购买一些价格稍高的小众品牌服装，每次穿上新衣服，她都能在同事和朋友的夸赞中获得极大的满足感。这种虚荣心让她对物质的追求越发强烈，她开始频繁关注各种时尚博主的推荐，为了跟上潮流，不断地购买新商品。她渐渐忘记了曾经想要通过阅读和学习提升自己的想法，那些买来的书籍被堆在角落，蒙上了一层厚厚的灰尘。

随着时间的推移，普通的品牌已经无法满足她，为了买到心仪的名牌包包，彭媛不惜节衣缩食，甚至刷爆了信用卡。她觉得拥有这些奢侈品就能提升自己的身份和地位，在朋友圈里晒出这些昂贵的物品时，看到朋友们的点赞和羡慕评论，她的虚荣心得到了极大的满足。曾经计划中的旅行被一次次搁置。

彭媛的信用卡账单越来越高，她的工资根本无法覆盖这些债务。为了偿还欠款，她开始四处借钱，拆东墙补西墙，生活陷入了混乱状态。朋友也渐渐地疏远她，因为每次聚会，彭媛谈论的话题总是围绕着新购买的奢侈品，让人感到厌烦。她不再像以前一样和朋友真诚交流，分享生活中的喜怒哀乐，维系友情的初心也被她抛之脑后。

彭媛为了赚取更多的钱来满足消费欲望，频繁加班，却因为过度劳累和精神压力过大，工作效率不断下降，还经常出错。最终，她被公司警告，如果再这样下去，可能会面临被辞退的风险。曾经那个想要在工作中发光发热、实现职业理想的彭媛，早已不见踪影。

此时的彭媛才如梦初醒，她意识到自己已经失去了原本简单快乐的生活。她看着堆满房间却很少使用的名牌商品，心中充满了悔恨。那些曾经让她引以为傲的奢侈品，如今却成了压垮她的沉重负担。

将物质财富的多少作为衡量成功和幸福的唯一标准，只会导致人们的价值观扭曲，陷入盲目消费的怪圈。有些人为了购买更多的商品而不知疲倦地工作，却忽略了自己的身心健康和精神需求。同时，过度消费还带来了资源的浪费和环境的破坏，对人类的可持续发展构成了威胁。

物质财富并不是生活的全部，真正的幸福来自于内心的满足和精神的富足。用心去感受生活，关注身边人的情感需求，培养自己的兴趣爱好，丰富自己的精神世界，才会更容易获得幸福。在面对社交媒体上铺天盖地的宣传时，要保持清醒的头脑，不被其左右。坚守自己的内心，不被消费主义的浪潮所淹没。只有这样，我们才能重新找回触摸真实的能力，让一切回归到它原本的意义。

2. 解构人本叙事

人本叙事始终占据着重要的位置，无论是儒家倡导的仁者爱人，还是存在主义对主体性的极力倡导，都在不同程度上塑造着我们对人的认知。当我们深入探究这些理念时，会发现其中隐藏着复杂的权力褶皱，人本叙事并非如表面那般纯粹和美好。

儒家思想作为中国传统文化的重要组成部分，其"仁者爱人"的人本主义理念承载着深厚的道德与人文关怀。孔子主张"己所不欲，勿施于人"，倡导人们以仁爱之心对待他人，构建和谐的人际关系。在理想状态下，这种理念能促进社会的温情与善良，让每个人都能在他人的关爱中感受到人性的温暖。但在礼教实践的漫长过程中，这一理念却逐渐发生了偏离。随着封建等级制度的不断强化，礼教被赋予了更多的身份规训功能。三纲五常的提出，将君臣、父子、夫妻之间的关系严格等级化，

"君为臣纲，父为子纲，夫为妻纲"，使得处于下位者必须绝对服从上位者。原本基于平等仁爱基础上的"仁者爱人"变成了一种自上而下的单向权力约束。臣子对君主的忠诚，儿子对父亲的孝顺，妻子对丈夫的顺从，更多地是出于对等级秩序的遵守，而非真正的情感与道德驱动。在这种情况下，人本被扭曲为维护统治阶层权力和社会既定秩序的工具，普通民众在这种身份规训下，失去了部分自由和个性发展的空间。

相传在一个寻常的日子，汉文帝乘车出行，当队伍行至中渭桥时，变故突生。一个人从桥下匆匆跑出，受惊的马匹嘶鸣跳跃，场面一度失控。汉文帝虽未受伤，但着实被吓了一跳。待场面稍稳，护卫迅速将桥下之人缉拿。汉文帝将此事交由廷尉张释之审理。

张释之经过仔细调查，依照当时的法律，判定此人"犯跸"之罪，当处以罚金。当判决结果呈到汉文帝面前时，他眉头紧皱，心中不悦，觉得此人惊吓御驾，如此处罚实在太轻。可张释之据理力争："法律是天子与天下人共同遵守的，如果随意更改，法律便失去了公信力。陛下若当时就下令处死他，那是您的权力，但既然交付廷尉审理，廷尉作为天下公平的象征，必须依法判决。"汉文帝陷入沉思，他明白张释之的话在理，身为帝王，更应以身作则，尊重法律。最终，他放下帝王的威严，接受了这一判决。

正因汉文帝始终秉持"仁者爱人"的理念，尊重百姓权益，他在位期间，轻徭薄赋，与民休息，百姓得以安居乐业，国家经济繁荣发展，开创了"文景之治"的盛世局面。

汉武帝时期的"腹诽之罪"事件则恰恰相反。西汉时期，国家盐铁专卖政策推行过程中，发生了诸多争议。大司农颜异，为人廉洁正直，因对当时的货币改革和盐铁专卖政策持有不同看法，而被卷入一场风波。有一次，一位客人与颜异谈及朝廷政令的不便之处，颜异并未直接回应，只是微微动了一下嘴唇。这本是极为平常的举动，却被御史大夫张汤抓住不放。张汤向汉武帝弹劾颜异，称他"见令不便，不入言而腹诽，论死"。在那个时代，"腹诽"并非明确的法律条文规定的罪名，却因为汉武帝巩固统治、加强中央集权的需求，被张汤用来罗织罪名。

汉武帝借此案向天下彰显权威，警示众人不得对朝廷政策有任何异议。自此，官员们在朝堂上谨小慎微，生怕因为一点儿言行被冠以"腹诽"之名。封建礼教不再是维系社会和谐的道德准则，反而成了汉武帝打压异见、巩固统治的工具。原本倡导平等与仁爱的儒家"仁者爱人"理念，在汉武帝的统治下被扭曲。臣子们失去了表达真实想法的自由，百姓的思想也被禁锢，社会发展的活力和创造力被严重压制。在这种封建礼教的长期束缚下，底层民众即使有出众的才能，也难以突破阶层的壁垒，实现自己的价值，与"仁者爱人"的初衷渐行渐远。

存在主义高举主体性的大旗，强调人的绝对自由和选择的权利。萨特提出"存在先于本质"，认为人是通过自己的行动来定义自身的，每个人都拥有决定自己命运的自由。这种思想在一定程度上唤醒了人们对自我价值的重视，鼓励人们摆脱传统束缚，勇敢地追求自己的生活。然而，在现实中，这种绝对自由却让现代人陷入了更深的异化。在一个高度工业化和商业化的社会中，人们虽然看似拥有无数的选择，但这些选择往往受到社会经济条件、文化观念等多种因素的制约。例如，在资本主义社会中，劳动者为了生存不得不选择从事自己并不热爱的工作，看似自由的职业选择背后，其实是经济压力下的无奈之举。人们在追求自由的过程中，逐渐被物质欲望所裹挟，为了满足不断膨胀的消费需求，不断地出卖自己的时间和精力，成为了金钱和商品的奴隶。原本追求自由和自我实现的人本理念，在这种社会现实下，反而导致了人的异化和精神的空虚。

回顾这些传统范式，我们不难发现，它们都存在一个危险的预设，即将"人"抽象为某种理想化的概念模型。儒家将人设定为符合礼教规范、具有道德修养的理想人格，存在主义则将人定义为绝对自由、能够自主选择的主体。这种定义忽略了现实中个体的多样性和复杂性，以及社会环境对人的影响。当我们将这些理想化的概念模型应用于现实社会时，就容易产生各种问题。

法国哲学家福柯在《规训与惩罚：监狱的诞生》中深刻地揭示了这一现象：任何关于"人"的本质定义，都可能成为权力运作的载体。在社会生活中，权力无处不在，它通过各种话语和制度来实现对人的控制。当我们不假思索地接受"以人为本"的宏大叙事时，或许正在不知不觉地重复着思想史上的暴力。那些被主流话语推崇的"本"，往往掩盖着特定阶层的价值霸权。例如，在资本主义社会中，"自由、平等、博爱"的口号看似体现了对人的尊重和关怀，但在实际的社会运行中，这种理念更多地是为资产阶级的利益服务。资产阶级通过控制生产资料和社会舆论，将自己的价值观和利益诉求强加给其他阶层，使得所谓的人本成为了维护自身统治的工具。在教育领域，这种现象也十分明显。

为了打破这种权力的束缚，我们需要对人本叙事进行深入解构。首先要认识到人的多样性和复杂性，摒弃将人抽象化、单一化的思维方式。每个人都是独一无二的个体，具有不同的背景、经历和价值观，我们应该尊重和包容这种差异。其次要对社会权力结构进行反思和批判，揭示那些隐藏在人本叙事背后的权力运作机制。只有认清了权力的本质和运作方式，才能有效地抵制权力的滥用。最后要积极探索建立一种真正以人的全面发展为核心的社会制度和文化环境。在这种环境中，每个人都能够在尊重他人的基础上，充分发挥自己的潜力，实现自己的价值。

3. 重新认识务本

在当今复杂多变的时代，传统的务本观念往往陷入非黑即白的思维定式，然而，现代社会的多元性和复杂性使得这种简单的认知模式难以适应现实需求。"务本"这一理念亟需我们重建其认识论。

我们所处的时代，人们的精神世界处于一种前所未有的动荡状态。用薛定谔的猫这一思想实验来类比，现代人的"本我"就如同那只猫，同时处于生与死的叠加态，在存在与虚无之间不断震荡。这种状态并非是个体的迷茫，而是时代特征的体现。在信息爆炸的时代，人们面临着海量的信息和多样的价值观冲击，传统的价值体系逐渐瓦解，新的价值体系尚未完全建立，使得人们在寻找自我和人生意义的道路上充满了困惑。在这种情况下，我们若依旧采用非此即彼的选择模式，试图在二元对立中找到确定的答案，无疑是刻舟求剑。例如，在职业选择上，过去人们往往认为稳定的工作就是好的选择，而如今，越来越多的年轻人开始追求自己真正热爱的事业，哪怕面临诸多不确定性。这表明，我们需要一种能够容纳矛盾张力的认知弹性，去理解和接纳生活中的多元性和不确定性。

法国后现代哲学家德勒兹的"块茎思维"为我们重建务本的认识论提供了重要启示。块茎不同于传统的树状结构，它没有固定的原点和层级关系，而是在各个节点之间不断生成新的连接。这意味着，真正的务本并非是寻找某个固定不变的原点，将其视为绝对的真理和价值核心，而是要学会在动态变化的世界中，持续生成新的连接方式。德国哲学家海德格尔笔下的"林中路"也传达了类似的思想，本真性并非存在于某个既定的终点，而是存在于不断开辟道路的过程本身。我们在追求务本的过程中，不应执着于某种既定的目标或模式，而应注重过程中的体验和成长。以创业为例，成功的创业者并非一开始就有一个完美的商业计划，而是在不断尝试和探索中，根据市场的变化和用户的需求，不断地调整和创新，从而找到适合自己的发展道路。

九零后的宋茹成长于信息爆炸的时代，她的精神世界在传统与新兴价值观之间不断震荡。大学时，宋茹在家人的建议下选择了金融专业，因为在长辈看来，金融行业稳定且前景广阔，毕业后进入银行工作，捧着"铁饭碗"，是人生的理想归宿，这也是传统价值体系下对好职业的普遍认知。

然而，临近毕业时，宋茹却陷入了迷茫。她在学校接触到了新媒体，那些充满创意和活力的内容深深地吸引了她。她发现，自己对新媒体领域的热爱远超金融。一边是家人期待的稳定工作，一边是自己内心真正热爱的新媒体，这个抉择让宋茹陷入了两难境地。如果按照传统的非此即彼思维，她或许会选择稳定的银行工作，放弃自己的热爱。但宋茹没有这么做，她意识到这个时代的多元性和不确定性，需要一种新的认知方式来应对。

宋茹决定打破常规，选择进入一家初创的新媒体公司。刚入职时，公司规模小，业务不稳定，薪资待遇也远不如银行。但宋茹积极参与公司的各项业务，从内容策划到运营推广，不断在各个环节之间建立新的连接。她也没有把目标局限于成为一名单纯的内容创作者，而是尝试学习不同领域的知识和技能，拓宽自己的发展路径。

在工作中，宋茹也遭遇了许多挫折。团队制作的内容有时得不到市场的认可，公司资金紧张时甚至面临裁员风险。但她把这些经历都视为成长的过程，就像海德格尔所说的"林中路"，本真性存在于不断开辟道路的过程中。宋茹不断总结经验，根据市场的反馈和用户的需求，调整自己的工作方式和内容方向。

随着时间的推移，宋茹所在的新媒体公司逐渐发展壮大，她也成为了公司的核心骨干。她不仅实现了自己在新媒体领域的价值，还收获了满满的成就感。在这个过程中，宋茹的家人也逐渐理解并支持她的选择。

宋茹的经历表明，在这个传统价值体系瓦解、新价值体系尚未完全建立的时代，我们不能再用传统的二元对立思维去做选择，而是需要拥有容纳矛盾张力的认知弹性，面对生活中的不确定性，注重过程中的体验和成长。

在当下社会，一些看似消极的现象，实则蕴含着重建主体性的创造性实践。比如，九零后开始拒绝职场 PUA，他们不再盲目忍受不合理的工作压力和上级的无端指责，而是勇敢地维护自己的权益和尊严。这种拒绝并非是对工作的逃避，而是对不健康工作环境的反抗，是在重新定义工作与个人价值之间的关系。又如，Z 世代用躺平解构增长神话，他们不再将无节制的物质追求和无止境的社会竞争视为人生的唯一目标，而是选择放慢脚步，关注自己的内心需求。这种躺平或许并非是消极怠工，而是对传统价值观的一种反思，是在寻找一种更加平衡和健康的生活方式。这些现象表明，年轻一代正在以自己的方式重建主体性，他们不再被传统的观念所束缚，而是积极地探索新的生活方式和价值体系。

要实现务本的认识论重建，我们需要从多个方面入手。比如在教育领域，应注重培养学生的批判性思维和创新能力。传统的教育模式往往更注重知识的灌输，而忽视了学生思维能力的培养。我们应鼓励学生质疑和思考，培养他们独立解决问题的能力。例如，在课堂教学中，可以引入项目式学习，让学生通过实际项目的操作，学会如何收集信息、分析问题和提出解决方案。在社会层面，应营造一个包容和多元的文化环境。不同的价值观和生活方式都应得到尊重和理解，这样才能激发人们的创造力和创新精神。政府和社会组织可以通过举办各种文化活动，促进不同文化之间的交流与融合。而个人也应不断提升自我认知和自我反思的能力。我们要学会审视自己的价值观和行为模式，不断调整和完善自己。可以通过阅读、旅行、参加社交活动等方式，拓宽自己的视野，丰富自己的人生体验。

重建务本的认识论是时代赋予我们的重要任务。我们要摆脱传统思维的束缚，接纳矛盾和不确定性，以开放和包容的心态去探索新的连接方式和价值体系。只有这样，我们才能在复杂多变的世界中找到自己的立足之本。

4. 祛魅的方法论

在当今，信息传播的速度与广度达到了前所未有的程度，虚假信息与真实话语相互交织，传统的价值观念在这股洪流中摇摆不定，人们在纷繁复杂的世界中越发迷茫，难以把握事物的本质。在这样的时代背景下追求事物的根本和真实，务本显得尤为重要。

尼采曾说："没有真相，只有诠释。"在这个信息爆炸的时代，各种标榜"本真"的话语如潮水般涌来，令人目不暇接。从网络上的热点事件到社交媒体上的各种观点，我们很难辨别哪些是真正的事实，哪些是被人为操控的舆论。例如，在一些社会热点事件中，不同的媒体和个人基于自身的立场和利益，对事件进行着截然不同的解读，真相往往被掩盖在这些相互矛盾的诠释中。

对看似权威的话语保持警惕，建立怀疑的免疫系统，不盲目相信，不轻易接受。我们不能仅仅因为某个观点被广泛传播或出自所谓的"权威人士"之口，就不加思考地认同。而是要学会运用批判性思维，对信息的来源、动机和逻辑进行深入分析。以网络谣言为例，很多谣言往往利用人们的情感和好奇心，迅速传播。如果我们没有质疑的意识，就很容易成为谣言的传播者。只有保持审视的态度，我们才能在这片信息的海洋中找到准确的方向。

随着科技的飞速发展，VR眼镜和元宇宙等虚拟技术逐渐走进我们的生活，为我们提供了全新的体验。然而，在享受这些虚拟世界带来的便利和乐趣时，我们也面临着与现实世界逐渐脱节的风险。我们花费大量时间沉浸在虚拟的环境中，却忽略了身边真实的美好和感受。

伍之楠毕业于顶尖985的计算机专业，凭借出色的专业能力，顺利进入一家前沿的AI公司，成为一名技术员。

在公司里，伍之楠全身心投入AI项目的开发中。他每天的生活被代码、数据和算法填满，与AI相处的时间远远超过与真实人类的交流。随着项目的推进，他对AI技术的依赖日益加深，逐渐习惯了用算法思维去处理生活中的一切。与人交流时，他不自觉地分析对方话语中的逻辑漏洞；面对选择时，他下意识地构建决策模型，而忽略了内心的感受。

渐渐地，伍之楠发现自己的生活变得机械而单调。他虽然在技术上取得了显著成就，薪资和职位也在不断提升，但内心却越发空虚。他开始失眠，对曾经热爱的事物失去兴趣，感觉自己变成了一台冰冷的机器。直到有一天，他在镜子中看到自己毫无表情的脸，才惊觉自己已经在人机化的道路上走得太远，失去了生活的意义。

一次偶然的机会，他参加了社区组织的绘画活动。起初，他觉得画画毫无用处，不能带来实际收益，也无法提升他的技术能力。但在绘画过程中，他渐渐沉浸其中。他不再思考算法和模型，只是专注于用画笔触摸纸张，感受色彩。当他完成第一幅画作时，一种久违的成就感涌上心头，他发现自己仍然能够创造出独一无二的东西，这是AI

无法做到的。

此后,伍之楠开始更多地参与这些活动。他加入摄影俱乐部,在捕捉光影的瞬间,他重新感受到了生活的美好;他学习了烹饪,在制作美食的过程中,体会到了人间烟火气。这些行为让他逐渐找回了身而为人的感觉,他开始重新关注身边的人,与家人和朋友的关系也变得更加亲密。

回归现象学意义上的"肉身在场",就是要重新找回对现实世界的敏锐知觉。比如体验清晨的第一缕阳光洒在脸上的温暖,晨露在指尖的清凉触感,地铁里人潮涌动所带来的生活气息,深夜里自己内心深处的声音,这些都是真实生活的一部分。当我们专注于这些真实的体验时,我们能够更加深刻地理解生活的本质。对于艺术家来说,对现实生活的细致观察和感受是创作灵感的源泉;对于普通人来说,这种肉身在场的体验能够让我们在忙碌的生活中找到内心的宁静与平衡,不至于迷失在虚拟世界的虚幻中。

在信息时代,算法推荐已经成为我们获取信息的重要方式。它根据我们的浏览历史、兴趣爱好等数据,为我们精准推送各种内容。虽然这种方式为我们节省了时间和精力,但也容易将我们困在一个信息茧房里。我们看到的信息越来越局限于自己熟悉和感兴趣的领域,思维也逐渐变得狭隘。

法国后现代主义哲学家吉尔·德勒兹倡导的游牧主体,就是要打破这种固定的模式,在算法牢笼中保持迁徙能力。我们需要适时切断社交网络,远离那些被算法精心推送的信息,去探索未知的领域。旅行是一种很好的方式,当我们去一个陌生的地方,体验不同的风土人情,我们能够接触到新的思想和文化,拓宽自己的视野。此外,阅读不同领域的书籍、参加各种类型的活动等,也都能帮助我们打破信息茧房的束缚,保持思维的活跃和创新能力。

在全民自我优化的狂热中,人们往往追求高效和实用,将时间和精力都投入到那些能够带来直接利益和回报的事情上。然而,道家无用之用的智慧告诉我们，那些看似无用的时光，往往有着不可忽视的价值。

发呆、走神、虚度，这些在快节奏的现代生活中被视为浪费时间的行为，实际上能够为我们的心灵提供滋养。当我们在午后的阳光下阅读一本与工作无关的书籍，或者在公园里漫无目的地散步时，我们的大脑得到了放松，思维也变得更加自由。许多伟大的创意和灵感往往就诞生于这些看似无用的时刻。科学家在散步时突然想到了重要的理论，作家在发呆时构思出了精彩的故事情节。这些例子都表明，我们需要守护这些"无用之用"的权利，为自己的生活留出一些空白，让创造力和想象力得以自由发挥。

只有将这些实践智慧融入到我们的生活中，我们才能在复杂多变的世界中实现真正的务本，以更加从容和坚定的姿态面对生活的挑战，探索生命的意义。

5. 本真性的拓扑学革命

在科技以令人目不暇接的速度迅猛发展的当下，脑机接口技术正逐步改写着人类的神经图谱，基因编辑技术也开始展现出重塑生命本源的潜力。这些前沿技术的突破，为人类带来了前所未有的机遇，同时也抛出了一系列深刻而棘手的问题，使得"何以为本"的追问变得前所未有的紧迫。

本质主义试图为事物寻找一个固定不变的本质，在人性定义上，它致力于勾勒出一个永恒、纯粹的人性轮廓。然而，随着科技的狂飙突进，这种传统的本质主义人性定义正面临着巨大的挑战。脑机接口技术让人类大脑与外部设备实现直接连接，这意味着人类的思维、意识和认知模式可能会被外部技术所干预和改变。例如，通过脑机接口，人们可以直接获取知识，无需经过传统的学习过程，这无疑模糊了人类与技术之间的界限，动摇了传统人性定义中关于人类学习、成长和认知的固有观念。基因编辑技术则更加直接地触及生命的核心，它能够对人类的基因进行精确修改，从根本上改变一个人的生理特征和遗传信息。这引发了一系列伦理争议，如我们是否有权利去设计和创造婴儿，这种对生命本源的干预是否会打破自然平衡，改变人类的进化轨迹。

在这样的背景下，真正的务本不再是固执地坚守某个本质主义的人性定义，而是需要保持对技术僭越的高度警惕。技术的发展本身并无善恶之分，但当它超越了一定的边界，就可能对人类的本真性造成威胁。例如，在人工智能领域，算法的过度应用已经开始影响人们的生活。社交媒体平台利用算法精准推送用户感兴趣的内容，这虽然满足了用户的个性化需求，但也导致信息茧房的形成，人们的视野变得狭窄，思维逐渐固化。在这种情况下，我们需要在人与物的边界处构筑起坚固的伦理防火墙。这要求我们在技术研发和应用的过程中，充分考虑伦理道德的因素，制定严格的伦理准则和规范。例如，对于基因编辑技术，国际社会已经达成了一定的共识，明确禁止对人类生殖细胞进行基因编辑，以防止引发不可预测的后果。

在现实生活中，有这样一群人，他们正在以自己的方式进行着一场无声却意义深远的本真性保卫战。那些在深夜关掉智能设备，仰望星空的人，他们拒绝被科技完全包围，选择短暂回归自然，去感受宇宙的浩瀚和自身的渺小。在繁星闪烁的夜空下，他们抛开了智能设备带来的喧嚣和干扰，重新与内心对话，寻找那份被遗忘的宁静与本真。

还有那些在算法推荐中坚持纸质阅读的人，他们抵制着电子阅读的便捷和算法推荐的诱惑，执着于纸张的质感和文字的温度。纸质书不仅仅是知识的载体，更是一种文化的传承和情感的寄托。在阅读纸质书的过程中，读者可以自由地翻阅、批注，与作者进行跨越时空的对话。这种深度阅读的体验是电子阅读无法替代的。

在绩效社会里，人们往往被各种绩效指标所驱使，生活节奏被打乱，内心的声音被淹没。然而，有一些人却在努力守护着内心的节奏。他们不盲目追求功名利禄，而是注重自我的成长和内心的满足。

城市白领小李，在繁华都市的写字楼中，过着朝九晚九的忙碌生活。每天清晨，他被闹钟叫醒，匆忙洗漱后便投身于拥挤的早高峰，奔赴公司。一到办公室，便被无尽的工作任务淹没，电脑屏幕上的文档、表格密密麻麻，手机里各种工作消息提示音此起彼伏。他像一枚高速运转的齿轮，在KPI考核、项目进度和领导的指令下，机械地完成一项又一项任务。

终于，在每周那特定的一个夜晚，小李关掉手机和电脑，独自驱车前往城市郊外。躺在柔软的草地上，他的目光穿越黑暗，与璀璨的星空对视。城市的喧嚣被抛在身后，他的耳边只有微风拂过草地的沙沙声和偶尔传来的虫鸣声。他回忆起曾经在城市里的生活，在那忙碌的日常中，他常常忘记自己的感受，只是被动地完成各项任务，就像被设定好程序的机器零件。而此刻，望着浩瀚的星空，他感受到宇宙的广袤和自己的渺小，他的内心重新涌起对生活的热爱和对自我的认知，真切地体会到自己是一个有血有肉、有情感有思想的人。

作家老王，在数字化浪潮的冲击下，依然执着于纸质书的世界。他的书房里，摆满了各类书籍，从经典文学到小众诗集，每一本书都承载着他的回忆和情感。每天清晨，他会坐在窗边的书桌前，翻开一本纸质书，阳光透过窗户洒在书页上，伴着淡淡的墨香，他沉浸在文字的世界里。

如今，电子阅读盛行，各类阅读软件和算法推荐系统，根据读者的喜好推送大量电子书籍。但老王却对此不为所动，他认为算法推荐的电子书籍虽然便捷，却无法给予他那种与书深度交融的体验。在阅读纸质书时，他可以随心地在书页边缘写下批注，标记下触动自己的语句，感受纸张的质感和文字的温度。每一本书都像一位老友，有着独特的气息和灵魂，而这些是冰冷的电子屏幕无法给予的。

手工艺人老张，在快节奏的现代社会中，坚守着传统木雕技艺。他的工作室里，摆放着各种木雕工具和未完成的作品，木屑的味道弥漫在空气中。每天，他早早来到工作室，开始一天的工作。他精心挑选木材，仔细观察木材的纹理，然后用刻刀小心翼翼地雕琢，每一刀都饱含着他对木雕技艺的热爱和专注。

现代社会追求效率和速度，老张的传统木雕技艺，既耗时又难以带来丰厚的经济回报。身边的人劝他放弃，投身到更赚钱的行业中，但老张不为所动。他深知，木雕不仅仅是一份工作，更是他的热爱和对传统文化的传承。他不想被社会的浮躁风气影响，只想静下心来，用心完成每一件木雕作品，用手中的刻刀，雕刻出自己对生活的理解。

这场本真性保卫战，是一场静默的革命，它不追求震耳欲聋的宣言，而是通过无数微小的抵抗，在系统铁幕上凿出人性的微光。这些微小的抵抗看似微不足道，却蕴含着巨大的力量。它们是对现代社会过度依赖技术、追求效率和功利的一种反思，是对人类本真性的执着追求。通过构筑防火墙，以及无数个体的微小抵抗，我们有信心在这个充满挑战的时代，找到属于人类的真正立足之本，让人性的光辉在技术的天空中依然闪耀。只有这样，我们才能在科技飞速发展的道路上，不迷失自我，实现人类与技术的和谐共生。

二、自省

1. 意识形态中的差序格局

"差序格局"这一概念最初是费孝通先生提出的,用以描述中国传统社会中人际关系的格局。它强调以自我为中心,向外扩展形成亲疏有别的社会关系网络。然而,当我们把目光投向更为抽象的意识形态领域时,会发现这一现象同样存在。

意识形态总是与社会结构、文化传统、经济利益等紧密相连。在不同的社会历史背景下,意识形态的差序格局有着不同的生成逻辑。

在阶级社会中,不同阶级或阶层由于所处的社会地位、经济利益和生活方式不同,对世界的认知和价值观念也存在差异。统治阶级为了维护自身统治地位,往往会通过教育、媒体、宗教等手段,将自己的意识形态塑造为"主流"或"正统",并借助社会资源的分配权,使其在社会中占据主导地位。而被统治阶级则可能在一定程度上接受这种主流意识形态,但同时也会在日常生活实践中形成一些与自身利益相关的"亚意识形态",这些亚意识形态在社会中处于边缘或从属地位,与主流意识形态之间形成一种差序格局。例如,在封建社会中,儒家思想作为统治阶级的意识形态,被广泛传播和推崇,而农民阶级虽然也受到儒家思想的影响,但他们更关注的是土地、生存等问题,这种关注点的差异使农民阶级的意识形态在整体社会意识形态格局中处于相对弱势的地位。

一个社会的文化传统包含历史记忆、价值观念、行为规范等诸多内容,这些内容在长期的历史发展中逐渐形成并代代相传。在文化传承过程中，某些观念和价值被不断强化，成为社会的主流文化，而另一些则可能被边缘化或遗忘。以中国传统文化为例，"孝"是儒家文化中极为重要的价值观念，在中国历史上一直占据着核心地位，成为社会伦理的重要基础。然而，在不同地区、不同阶层的文化实践中，孝的内涵和表现形式却存在差异。在一些偏远地区或底层社会中，人们对孝的理解可能更偏向于物质层面的赡养，而在士大夫阶层中，"孝"则更多地与忠君、守礼等政治伦理联系在一起。这种文化传统在不同群体中的差异性传承，使得孝的观念在社会意识形态中呈现出一种差序格局。

不同的经济利益群体为了维护自身的利益，会形成不同的意识形态倾向。掌握着社会主要经济资源的群体，往往能够通过控制媒体、教育等文化传播渠道，将自己的利益诉求转化为普遍的意识形态观念。而那些处于经济弱势地位的群体，则可能在意识形态上处于被动接受或反抗的状态。这种基于经济利益的差异，使得社会意识形态呈现出一种以经济地位为分层的差序格局。

主流意识形态通常能够借助强大的文化生产与传播机制，广泛地渗透到社会生活的各个角落。它通过电影、电视、文学、艺术等文化形式，将自己的价值观和理念传递给大众，从而在文化领域占据主导地位。而一些小众的、边缘的文化观念和作品则可能由于缺乏传播渠道或不符合主流审美而被忽视或排斥。这种文化领域的差序导致文化市场的单一化和文化观念的同质化，不利于文化的创新和发展。以电影产业为例，好莱坞电影作为美国主流意识形态的重要传播载体，在全球范围内广泛传播，其宣扬的个人主义、英雄主义等价值观被大量观众所接受。而一些具有独特文化内涵和价值观念的非西方电影则往往难以获得同等的关注和市场机会，使得全球文化生态呈现出一种不均衡状态。

同样，主流意识形态作为一种普遍的社会价值观念，对社会成员的行为具有规范和引导作用。然而，在不同的社会群体中，这种主流意识形态的接受程度和实践方式存在差异。一些社会群体可能由于教育程度、经济地位、文化背景等因素，对主流意识形态的理解和践行较为深入，而另一些群体则可能对主流意识形态持怀疑或抵制态度，形成自己的亚文化或反文化。这导致社会中不同群体之间的价值冲突和行为差异，影响社会的和谐与稳定。

田叔和周亚是阳光新城的邻居。小区最近计划进行环境改造，要在中心绿地修建一座小型花园和健身设施。听到这个消息，田叔满心欢喜。他每天辛苦工作，就盼着回到小区能有个放松的地方。在他看来，健身设施能让他在下班后锻炼一下疲惫的身体，花园里的花草也能让小区变得更漂亮，充满生机。

周亚却有不同的想法。作为一名知识分子，他更注重文化氛围的营造。他觉得在绿地修建一个小型文化长廊会更合适，既能展示小区的历史文化，又能为居民提供一个交流学习的空间。他认为文化对一个小区的凝聚力和居民的精神生活至关重要。

改造方案征集意见时，两人的观点产生了碰撞。田叔不理解周亚为什么要把好好的绿地变成文化长廊，他觉得文化的东西太虚，不如实实在在的健身设施有用。而周亚也难以认同田叔对健身设施的执着，他觉得田叔只看到眼前的身体锻炼，忽略了文化对社区的深远影响。

好在田叔知道周亚是个有学问的人，肯定有自己的道理，于是主动找周亚聊天。周亚耐心地向田叔解释文化长廊的意义，他说："田叔，文化就像咱们小区的根，一个有文化底蕴的小区，能让大家更有归属感，孩子们也能从小受到熏陶。"田叔听后，虽然还是不太懂文化的深层含义，但他明白了周亚的出发点是为小区好。

周亚也反思自己，意识到田叔的需求同样重要。他看到田叔每天工作那么辛苦，健身设施确实能给田叔带来实实在在的放松。于是，他和田叔一起找到小区管理处，提出了一个折中的方案：在绿地的一部分修建健身设施，另一部分打造一个简易的文化展示区，设置一些文化展板，展示小区的老照片和居民的书法绘画作品。

管理处采纳了这个建议。在改造过程中，田叔还主动帮忙搬运材料，周亚则利用自己的知识，为文化展板的设计出谋划策。最终，小区的环境改造顺利完成，新的设施和文化展示区受到了居民们的一致好评。

通过这次事件，田叔和周亚不仅增进了彼此的了解，而且让小区的氛围更加和谐。他们面对差异，没有选择对立，而是相互理解、共同协商，为小区的和谐发展做出了榜样。

不同阶层、群体和文化之间的差异性是社会发展的动力之一，它促使人们在交流与碰撞中不断思考和探索，推动社会的进步。同时，主流意识形态的存在也为社会提供了一种共同的价值基础和行为规范，有助于维护社会的稳定和秩序。通过主流意识形态的引导，社会成员能够在一定程度上达成共识，形成共同的目标和追求，从而推动社会的发展。

但是，如果主流意识形态过度强调自身的优势和权威，而忽视其他意识形态的存在和价值时，可能会导致社会中不同阶层和群体之间的对立和冲突。这种对立和冲突不仅会破坏社会的和谐与稳定，还可能阻碍社会的发展和进步，还可能导致思想的僵化和创新的不足，使得社会思想文化领域缺乏活力和创造力，最终会影响社会的可持续发展。例如，在一些长期处于单一意识形态统治的国家，社会思想文化领域往往缺乏多样性和创新性，社会发展的动力不足，难以适应时代的变化和挑战。

因此，对于差序格局的存在，我们需要进行深刻的反思。一方面，我们要认识到社会的多样性和复杂性，尊重不同阶层、群体和文化之间的差异性，鼓励不同意识形态之间的交流与对话，促进社会的和谐与进步。另一方面，我们也要警惕它可能带来的消极影响，防止主流意识形态的过度垄断和绝对权威，保持思想文化的多样性和创新性。同时，我们还需要加强对意识形态的引导和管理，通过合理的制度安排和政策调控，使社会意识形态能够在多样性和统一性之间找到平衡，为社会的发展和进步提供良好的思想文化环境。

2. 生活之雅与生命之俗

生活是我们每日的起居饮食、人际交往，生命则是贯穿一生的宏大叙事，包含着梦想、追求与最终归宿。

清晨，当第一缕阳光透过窗户洒在窗前的绿植上，光影斑驳，为平凡的角落增添了一抹灵动。泡上一杯香茗，看着茶叶在水中舒展、沉浮，轻抿一口，茶香在舌尖散开，此时的宁静与惬意便是生活之雅。又或是在一个细雨绵绵的午后，翻开一本心仪已久的书籍，沉浸在文字的世界里，与书中的人物同呼吸、共命运，远离外界的喧嚣纷扰，这也是一种雅趣。雅，是对生活品质的追求，它不一定需要昂贵的物质堆砌，更多的是一种用心对待生活的态度。

同样，为了一日三餐而奔波忙碌，在菜市场与小贩讨价还价，为了房租、水电费而精打细算，这些都是生活中最真实的俗态，也贯穿着我们每一天的生活。俗，是生活的烟火气，是我们生存的基本需求。它让我们脚踏实地，不至于在虚幻的追求中迷失方向。一家人围坐在餐桌前，吃着色香味俱全的家常饭菜，分享着一天的见闻，欢声笑语回荡在房间里，这种平凡的温暖也是生活之俗的体现。它虽然没有雅的精致与超脱，却有着实实在在的温度。

我们渴望生存，追求物质的满足，希望在社会上获得地位和认可。为了这些目标，我们努力工作，在竞争激烈的职场中拼搏。这种对功名利禄的追逐，虽然显得有些世俗，却是推动社会发展的重要力量。在生命的长河中，我们为了实现自我价值，不断地设定目标，从完成学业到找到理想的工作，再到组建家庭，每一步都伴随着对世俗成功的渴望。这种渴望促使我们不断进步，适应社会的变化。

许多人在满足了基本的物质需求后，开始追求精神上的富足。他们投身于艺术创作、哲学思考，或热衷于公益事业。艺术家们用画笔、音符表达内心深处的情感和对世界的独特见解，他们的作品往往能触动人们的心灵，引发共鸣。哲学家们则在思想的海洋中遨游，探索宇宙、人生的真谛，为人类的智慧宝库增添新的财富。投身公益的人们则无私地奉献自己的时间和精力，帮助那些需要帮助的人，他们的行为展现出人性的光辉和高尚的情操。这些生命之雅，让我们的灵魂得以升华，让生命变得更有意义。

生活中的雅可以为生命增添色彩，让我们在忙碌的生活中找到心灵的慰藉。当我们在生活中培养了高雅的情趣，如热爱音乐、绘画、书法等，这些爱好不仅能丰富我们的业余生活，还能提升我们的审美能力和精神境界。在面对生活的压力和挫折时，这些雅趣可以成为我们心灵的避风港，让我们保持乐观积极的心态。而生命之俗也为生活之雅提供了基础。只有在满足了基本的生存需求后，我们才有精力和条件去追求生活中的雅。如果一个人连温饱都无法解决，又何谈品茶、读书、欣赏艺术呢？

苏晴一直是个追求高雅生活的人。她喜欢在清晨的阳光里，泡一杯茉莉花茶，坐在窗边的藤椅上，读一本诗集；她会在周末去美术馆，对着一幅幅名画，沉浸在艺术的世界里；她还热衷于参加各种文化讲座，和一群志同道合的人讨论哲学、文学和历史。在她看来，生活就是要充满诗意和艺术感，这样才能体现出一个人的品味和格调。

然而，这种过度追求高雅的生活方式，却让她在同事中显得格格不入。有一次，同事们约好下班后一起去吃火锅，苏晴却以"那种地方太嘈杂，不符合我的生活品味"为由拒绝了。还有一次，大家在午休时聚在一起聊天，话题从工作聊到最近的热门电影，再到生活中的趣事，气氛热烈而轻松。苏晴却在一旁皱着眉头，不时插话纠正别人的说法，说那些电影"没有深度""缺乏艺术价值"，让同事们很扫兴。

渐渐地，同事们开始疏远苏晴。有人在背后说她"太装了"，还有人直接不客气地说，"俗气的我和你站在一起，只会破坏你的高级"，并且建议她去吃空气喝露水。苏晴察觉到了同事的不满和敌意，感到很困惑和失落。她不明白，为什么自己追求高雅的生活方式，却换来了同事们的排斥。

直到有一天，公司组织了一次户外团建活动。大家一起去郊外农场，体验采摘水果的乐趣。苏晴原本觉得这种活动很无趣，还容易弄脏衣服。但出于维护关系的想法，她还是参加了。到了农场，同事们一个个兴奋不已，有的在果园里奔跑，有的在互相拍照，还有的在比赛谁摘的水果更多。苏晴看着大家欢乐的样子，心里有些动摇。她尝试着放下自己的架子，加入了大家的行列。她和同事们一起在果园里穿梭，感受着泥土的气息和阳光的温暖。她发现，这种简单的快乐其实也很美好，和她在美术馆里感受到的艺术之美并不冲突。

活动结束后，大家围坐在一起分享采摘的果实，气氛融洽而温馨。苏晴突然意识到，生活中的雅与俗并不是对立的。她开始意识到自己过于执着于一种单一的所谓的高雅生活方式，而忽略了生活本身的多样性。她开始尝试接受和欣赏同事们的生活方式，也愿意和大家一起分享自己的兴趣爱好。她不再觉得去吃火锅是一种俗气，而是把它看作一种放松和享受；她也不再批评同事们的兴趣爱好，而是尝试从中发现乐趣。

慢慢地，同事们开始和苏晴亲近起来。他们发现，苏晴其实是一个很有内涵、也很有趣的人。她会给大家讲一些艺术和文化知识，也会和大家一起分享生活中的小确幸。苏晴也发现，同事们也有自己的追求和梦想，只是表达方式不同而已。

有时候，为了追求生命中的世俗目标，我们不得不放弃一些生活中的雅趣。比如，为了在工作中取得更好的成绩，我们可能需要加班加点，牺牲原本用于休闲娱乐的时间。然而，这种牺牲并不意味着我们要完全摒弃生活之雅。我们可以在忙碌的工作间隙，抽出几分钟时间，看看窗外的风景，呼吸一下新鲜空气，让自己的身心得到片刻的放松。同样，在追求生命之雅的过程中，我们也不能忽视生活之俗的存在。我们不能因为沉浸在精神的世界里，而忽略了身边的亲人和朋友，忽略了生活中的责任和义务。

学会在雅与俗之间找到平衡，既不被世俗的欲望所淹没，又不脱离现实生活去追求虚无缥缈的高雅。在满足基本物质需求的基础上，用心去感受生活中的美好，培养高雅的情趣；在追求精神富足的同时，也要承担起生活的责任，脚踏实地地前行。只有这样，我们才能在生活与生命的旅程中，收获真正的满足。

3. 精神之足的稳着陆

在这个内卷严重的时代，在消费主义甚嚣尘上的当下，人们的物质生活看似越来越富足，可精神世界却时常陷入荒芜。当我们在直播间为抢购限量商品而疯狂，或在社交媒体上为精致的人设照点赞时，是否想过，我们真正的精神需求被满足了吗？

　　就拿大城市的打工人来说，他们每日穿梭于高楼大厦之间，为了高房租、高物价拼命工作。不少人虽然拿着看似可观的薪水，却被困在狭小的出租屋里，连养一盆绿植的空间都没有。对他们而言，物质保障仅仅是维持生存，精神生活被挤压到几乎没有。清晨天还未亮便出门，在拥挤的地铁里步履匆匆，夜晚拖着疲惫的身躯回到出租屋，洗漱完毕倒头就睡，日复一日，生活被单调的工作和生存压力填得满满的，无暇顾及精神世界的滋养。

　　而与之形成鲜明对比的是一些小众行业的从业者，像传统手工艺人。他们的收入或许并不高，但在传承技艺的过程中，收获了内心的满足。以一位专注于制作传统油纸伞的手艺人李师傅为例，他的工作室不过是一个简陋的小院子，里面堆满了制作油纸伞的原材料和工具。每天，他从早到晚，精心挑选竹子、削制伞骨、绘制伞面，每一个步骤都饱含着他对这门手艺的热爱与执着。尽管靠着售卖油纸伞的收入仅能维持基本生活，但他却乐在其中。在他眼中，每一把油纸伞都承载着历史与文化的记忆，他在传承这门古老技艺的同时，也让自己的精神世界变得无比充实。这说明，物质基础固然重要，但精神富足并非完全取决于物质的多寡。

　　以当下热门的斜杠青年为例，很多人跟风开启副业，却并不清楚自己真正的兴趣和优势所在。有的人看到别人做自媒体赚钱，就盲目跟风，结果不仅没成功，还把自己弄得疲惫不堪。

　　而真正的自我认知，是在不断尝试和反思中逐渐清晰的。比如一位原本从事金融行业的上班族小王，偶然间发现自己对摄影有着独特的天赋和热爱。一开始，他只是利用周末时间带着相机在城市里四处拍摄，记录生活中的美好瞬间。随着拍摄的深入，他不断学习摄影技巧，参加线上线下的摄影交流活动，还积极投稿参赛。在这个过程中，他逐渐发现自己在人像摄影方面有着独特的视角和表现力。通过不断努力，他的作品开始在一些摄影比赛中获奖，还吸引了不少客户。这种自我认知的转变，让他的精神世界变得更加丰富，也为他的生活开辟了新的道路。

张浩然是一名朝九晚五的普通上班族，在一次朋友聚会中偶然得知，他曾经的一个同学靠着在短视频平台分享生活，短短几个月就收获了数十万粉丝，还接到了不少广告合作，收益颇丰。这让张浩然内心泛起了波澜，看着自己平淡无奇的生活，他渴望能在短视频领域闯出一片天地，不仅能增加收入，还能让自己的生活变得更精彩。

下班后，张浩然一头扎进了短视频创作中。他没有任何专业设备，就用手机拍摄；没有专业知识，就从网上找教程自学。一开始，他觉得生活中处处都是素材，于是随手拍摄一些日常琐碎，比如早餐吃了什么、上班路上的见闻等，然后简单剪辑后就发布到平台上。然而，几周过去了，他的视频播放量始终寥寥无几，点赞和评论更是少得可怜。

张浩然有些着急了，他开始观察那些热门视频，发现美食类视频很受欢迎，于是他决定转型做美食分享。他精心准备食材，按照网上的教程烹饪各种菜肴，拍摄时还特意布置了灯光和背景。但结果依旧不尽如人意，他的视频还是淹没在海量的内容中。

随着投入的时间和精力越来越多，张浩然的生活也受到了严重影响。他常常为了拍摄和剪辑视频熬夜，第二天上班时无精打采，工作效率大幅下降。领导多次提醒他，可他根本听不进去，满脑子都是如何做好短视频。

在一次项目汇报中，由于他准备不充分，汇报内容漏洞百出，导致项目进度受到影响，领导对他大发雷霆。那一刻，张浩然感到无比沮丧，他付出了这么多，却在工作和短视频两方面都一败涂地。他开始反思自己，是不是太盲目跟风了，根本没有考虑自身的特点和市场需求。自己既没有独特的才艺，又没有出众的颜值，单纯模仿别人的内容，很难在竞争激烈的短视频平台脱颖而出。

经过一段时间的调整，张浩然逐渐意识到，不能再这样盲目下去。他决定先把重心放回工作上，利用业余时间深入学习短视频知识，分析自己的优势和兴趣点。他发现自己对数码产品很感兴趣，也有一定的了解，于是打算尝试做数码产品评测视频。这次，他不再急于求成，而是认真研究每一款产品，精心撰写文案，学习专业的拍摄和剪辑技巧，力求做出有深度、有特色的视频。

曾几何时，电子竞技曾经被视为不务正业。在这种舆论压力下，很多人选择放弃自己的精神追求，回归到大众所认可的生活方式中。但如今却成为了许多年轻人的精神寄托。职业电竞选手在赛场上拼搏，追求荣誉，背后是无数年轻人对梦想的向往。每年的英雄联盟全球总决赛，都会吸引全球数以亿计的观众观看。这些观众不仅为自己喜欢的战队加油助威，还通过参与线上线下的讨论、组建粉丝社群等方式，找到了志同道合的伙伴，构建起自己的精神社区。在这个社区里，他们分享着对游戏的热爱、对战术的分析，共同追逐着电竞梦想。

再看那些热衷于城市漫步的年轻人，他们抛开交通工具，用双脚丈量城市的每一个角落，探索隐藏在巷子里的历史文化。在上海，有一群城市漫步爱好者，他们会定期组织活动，沿着苏州河畔，探寻那些古老建筑背后的故事。从曾经的纺织厂旧址到如今的创意园区，他们在漫步中感受着城市的变迁，了解到这座城市独特的历史文化底蕴。这种小众的精神追求，让他们在快节奏的生活中，找到了与城市对话的新方式。

短视频平台的兴起，让碎片化信息如潮水般涌来。我们的注意力被无限分散，很难再静下心来阅读一本好书，或是专注地思考一个问题。打开手机，各种短视频、新闻资讯、社交媒体消息不断推送，我们的时间被分割成无数个碎片，难以形成深度的思考和专注的学习。为了应对这些挑战，一些人尝试建立"数字戒断日"，在这一天远离电子设备，回归传统的精神生活。比如和朋友面对面聊天，或是去户外亲近大自然。

精神之足的稳着陆，不是简单的口号，而是需要我们在复杂的现实中不断摸索。只有当我们不再盲目追求物质和外界认可，而是专注于内心的真实需求，才能真正实现精神的富足。未来，我们应该鼓励更多元化的精神生活方式，让每个人都能找到属于自己的精神家园。学会在物质与精神之间找到平衡，不被物质欲望所吞噬，也不忽视物质基础的重要性；在自我认知的道路上不断探索，勇于尝试新事物，不盲目跟风；在面对外界的干扰和压力时，坚守自己的精神追求。

4. 低头拉车与抬头看路

古代丝绸之路上，驼队商旅们行进时需要掌握两种能力：低头专注脚下的沙丘，避免被流沙吞噬；抬头观察北极星的方位，确保行进方向正确。这种生存智慧在当代社会呈现出新的形态——当自动驾驶技术开始替代人类完成方向判断，当算法推送不断简化我们的决策过程，如何在专注执行与保持清醒之间找到平衡点，成为每个现代人必须破解的生存命题。

东京大学教授上田纪行曾跟踪研究过日本传统匠人群体，发现那些坚持手工制作漆器的匠人，在重复描画百万次莳绘图案的过程中，会形成独特的肌肉记忆闭环。他们的手指能精准复现 0.1 毫米宽的金线轨迹，却对市场需求的变迁视而不见。这种现象在当代职场演化成更隐蔽的形态：程序员沉迷于代码优化却忽视产品逻辑，销售员执着于话术训练而漠视客户需求变化。

现代脑科学研究显示，人类大脑对确定性反馈有着近乎成瘾的依赖。当我们专注于某项具体工作时，多巴胺系统会因阶段性成果不断获得即时奖励，这种神经机制使得低头拉车的状态具有天然的成瘾性。硅谷某科技公司的内部调研显示，62%的工程师承认自己会刻意回避战略会议，因为"讨论方向不如写代码有成就感"。

确定性追求的悖论在企业管理中尤为明显。柯达公司曾拥有全球最优秀的胶片研发团队，工程师们不断突破乳剂涂布技术极限，却在数码浪潮来临时集体失明。这种悲剧印证了美国商学院教授克莱顿·克里斯坦森的警告:"卓越的执行力可能成为创新的坟墓。"

公元前2世纪,张骞出使西域的壮举展现了突破认知局限的典范。他不仅记住了月氏部落的方位,更记录了沿途的地貌气候、物产风俗,这种全景式观察方法在当代演化成系统思维。正如生态学家尤金·奥德姆所言:"理解一片树叶,需要看见整片森林。"现代职场人需要的不是简单的方向调整,而是构建多维认知坐标系的能力。

丰田的生产系统堪称执行与反思协同共进的典范。在丰田的生产线上,每一位流水线工人都肩负着双重职责。他们首先要一丝不苟地完成既定工序,从零部件的精准组装,到生产流程的严格把控,每一个动作、每一道步骤都遵循着标准化的作业流程,这种专注执行确保产品在生产过程中的品质与效率。

丰田的独到之处在于,它鼓励工人随时记录生产中的异常现象。比如,当工人发现某一零部件的安装出现了比平时更频繁的卡顿,或是机器运转时发出了异常声响,他们便会立即将这些情况记录下来。这便是"抬头看路"。工人在记录异常的同时,会思考问题产生的原因,是零部件设计的缺陷,还是生产设备的磨损,抑或是操作流程存在不合理之处?

这种边做边想的工作机制,使得丰田内部形成了一种持续改进的浓厚氛围。通过对大量异常现象的分析与总结,丰田不断优化生产流程、改进产品设计。例如,曾经在汽车座椅的安装工序中,工人频繁记录到安装时间不稳定的问题。经过深入调查与思考,发现是座椅安装孔位与车身预留孔位的公差配合不够精准。于是,丰田对设计进行了优化,调整了孔位公差,不仅大大地提高了安装效率,还提升了产品的整体质量。这种持续改进的理念,逐渐融入丰田的组织基因,让丰田在激烈的汽车市场竞争中始终保持领先地位。

从神经科学的角度来看，丰田工人在执行既定工序与分析异常现象的交替过程中，默认模式网络与任务积极网络形成动态平衡，为创造性思维的产生提供了生理基础。这种思维的碰撞，催生出无数优化生产的奇思妙想，推动丰田不断进步。

亚马逊创始人贝佐斯在1997年致股东信中提出的"Day 1"理论，本质上是对认知僵化的持续对抗。他要求高管团队每周必须接触前沿技术报告，每月参与一线客户服务，这种制度设计打破了传统企业的信息茧房。神经可塑性研究证实，持续接触新异刺激能使前额叶皮层保持活跃，这是突破思维定式的生理基础。

芬兰教育系统的改革提供了认知革命的范本。他们取消传统学科划分，代之以"现象教学"，要求学生在解决气候变化等现实问题时，自主整合地理、经济、科技等多领域知识。这种训练模式培养出的，正是能够在迷雾中自主绘制认知地图的新时代。

个人层面的平衡训练可以借鉴运动员的间歇训练法。作家卡尔·纽波特提出深度工作与战略休息的交替模式：每90分钟专注工作后，强制进行15分钟的前沿信息浏览或跨界交流。这种节奏既保持执行效率，又避免认知僵化。

在这个算法支配注意力的时代，保持清醒的行走姿态比任何时候都更具挑战。19世纪普鲁士军官团发明的"战术性暂停"原则——每推进三公里必须停止整队观察——在当代演化成更精微的认知艺术。真正的智者，既能在砂砾中辨出金粒，又能在星图中找到航向，他们的足迹终将交织成文明进步的经纬线。

5. 与自我的高级对话

深夜的实验室里，神经科学家用光遗传学技术激活小鼠的海马体，意外触发了记忆重组的连锁反应。这个偶然发现揭示了一个惊人真相：

人类每天产生的六万个念头中,有87%是在与不同时空的自我对话。这种内在对话的深度与精度,决定着我们究竟是自身生命程序的编写者,还是预装系统的执行者。

在如今这个数字时代,我们的生活发生了翻天覆地的变化,可这些变化并不全是好事,尤其是在我们对自我的认知和对话权方面。以前,我们有着最原始的自我觉察能力。就拿亚马逊猎人来说,他们能通过观察猎物留下的足迹深浅,判断猎物的情绪状态,这是一种生物本能级别的自我感知。但现在呢?智能手环出现了,它精准地记录着我们每天走了多少步,可我们却渐渐遗忘了如何凭借自己的感觉去了解身体和情绪的真实状况。以前那种对自身的敏锐感知,变成了屏幕上冷冰冰的数字,自我觉察异化成了一场数据游戏。

再看看我们的日常生活,自动化生存模式让我们很多时候就像被设定好程序的机器。以伦敦地铁早高峰为例,对通勤者的脑电波监测显示,高达87%的人前额叶皮层处于休眠状态。在这个时间段里,大家麻木地刷着手机,机械地跟着人群移动,思考能力被严重抑制,完全沦为了算法系统的外接硬盘,就像那些只知道机械重复,没有深度思考的人一样,用不停地刷手机替代了真正的自我反省。还有朋友圈,我们精心挑选照片,编辑文案,把自己的生活包装成一个完美的橱窗展示给别人看,点赞数量成了衡量我们自我价值的标准。可你知道吗?加州大学的实验证明,长期这样经营人设,会让我们大脑中负责情感响应的杏仁核的阈值提升27%,这意味着我们越来越难感受到真实的情感,陷入了数字时代的精神奴役。

李冉每天过着朝九晚五的生活。每天清晨,当第一缕阳光还未完全照亮城市,李冉就被闹钟叫醒。他迷迷糊糊地拿起手机,习惯性地刷着各种社交软件,看看昨晚朋友圈又有什么新动态,回复几条消息,不知不觉就错过了原本计划的晨练时间。

通勤路上,他和大多数人一样,挤在拥挤的地铁里。

地铁里弥漫着沉闷的气息，人们的脸上写满了疲惫。李冉也不例外，他熟练地掏出手机，开始刷短视频。那些搞笑的段子、夸张的表演，让他暂时忘却了通勤的烦躁。他的眼睛紧紧盯着屏幕，手指不停地滑动，完全没有注意到周围人的表情和地铁外飞速掠过的风景。

到了公司，李冉本应专注于工作，但他却时不时地分心。工作间隙，他总会忍不住打开手机，看看有没有新的消息。朋友圈里同事分享的精致午餐、朋友的旅行照片，都让他忍不住点赞、评论。为了获得更多的点赞和关注，他也会精心挑选自己生活中的照片，花费大量时间编辑文案，把自己的生活包装成一个完美的橱窗展示给别人看。点赞数量成了他衡量自我价值的重要标准，一旦点赞数量不理想，他就会陷入自我怀疑状态。

晚上回到家，李冉本想好好放松一下，可又不自觉地拿起手机。他开始浏览各种新闻资讯、娱乐八卦，一刷就是几个小时。本可以用来阅读一本好书、学习一门新技能或和家人朋友好好交流的时间，就这样被手机上无穷无尽的信息吞噬了。

长期这样的生活方式，让李冉渐渐失去了对真实情感的感知。直到后来在一次体检中，发现自己的精神状态很差，注意力难以集中，记忆力也明显下降，身体各项指标也大不如从前。他这才开始意识到，自己已经被数字时代的洪流裹挟，陷入了一种精神奴役的状态。他每天看似忙碌，实则毫无目标；看似社交广泛，实则内心孤独。他决定做出改变，开始尝试减少使用手机的时间，重新找回真正的自我。

既然我们的对话权在数字时代被逐步剥夺，那我们该如何夺回属于自己的精神主权呢？

南极越冬队员采用的三色日记法就很值得借鉴。他们用蓝色记录现实,红色记录记忆,黑色记录思辨。这种方式创造出了意识夹层,通过这种时空错位,打破了算法推送给我们设定的认知时间霸权,让我们有机会从既定的时间框架中跳出来,重新审视自己的思维。

法国美食家让·安泰尔姆·布里亚-萨瓦兰提出的三重味觉对话,从童年记忆、地理溯源、化学解构这三个维度去品味食物。当快餐工业用千篇一律的味道麻痹我们的神经时,这种多维度的品鉴就像在被快餐统治的味觉世界里开辟出一片有机菜园,让我们重新找回对味道的丰富感知,唤醒被麻木的感官。

围棋大师吴清源的虚空对话就是很好的例子,他在神经层面构建起了意识防火墙。当我们的γ脑波强度达到常态3倍时,就像启动了思维系统的宪法审查模式,对每一个涌入大脑的念头进行主权归属验证,判断这个念头到底是自己真正思考的结果,还是外界强加给我们的,从而守护好我们的精神主权。

在脑机接口技术逼近意识边界的今天,真正的认知革命发生在颅骨之内。那些在深夜与自我辩论的清醒者,在成功时刻保持审视的自省者,正在重写人类的认知进化史。这场永不停息的内在对话,终将导向比人工智能更深邃的智能形态。这或许就是普罗米修斯盗火时埋下的终极密码——让人性在自我对话的熔炉中,淬炼出神性的光芒。

6. 空杯心态——归零

2018年夏天,北京中关村某科技公司会议室,42岁的技术总监王涛苦恼不已。他刚被告知自己主导开发的智能客服系统被市场部全面否决,这个他引以为傲的、曾获省级科技奖的技术架构,在人工智能浪潮中早已过时。这个场景揭示了一个残酷真相:在这个技术迭代周期缩短至18个月的时代,昨天的成功经验正在加速贬值。

日本经营之圣稻盛和夫在78岁接手破产的日航时,面对这个拥有60年历史的航空巨头,他做的第一件事是要求所有高管把飞行手册扔进碎纸机。这个看似疯狂的决定背后,其实是深刻的生存智慧——当环境发生根本性改变时,既有的经验体系会成为阻碍认知升级的认知茧房。

　　波士顿咨询的研究数据显示,传统行业从业者五年以上的工作经验对当前岗位的贡献率不足30%,在互联网行业这个数字更降至18%。更值得警惕的是,职业倦怠感与工作年限呈现显著的正相关,这正是经验系统固化带来的认知僵化。就像诺基亚工程师在iPhone面世前夜仍在优化物理键盘,我们往往在精雕细琢中错失转型机遇。

　　九零后创业者陈薇凭借敏锐的商业眼光,在电子元器件领域闯出了一片天地,她所经营的店铺年利润可达百万。然而,随着时代的飞速发展,电商直播的浪潮汹涌袭来,传统的电子元器件销售模式受到了巨大冲击。面对这一行业变革,陈薇没有故步自封,而是毅然决然地做出了一个大胆的决定:关闭经营多年的店铺,从零开始学习直播电商。

　　转型之路充满了艰辛与未知,但陈薇凭借着顽强的毅力和独特的学习方法,在直播电商领域逐渐崭露头角。她的"季度清零法"成为了她成功的关键。

每个季度，陈薇都会雷打不动地抽出两周时间，全身心投入清零状态。在这两周里，她切断所有与现有业务的联系，关闭手机上的各类工作通知，将自己完全沉浸在新领域的知识海洋中。她会系统地学习直播电商的运营规则、营销策略、主播培养技巧等。为了深入了解行业动态，她不仅大量阅读专业书籍和行业报告，还会观看无数优秀的直播案例，分析其成功之处和可借鉴的经验。

陈薇会研究不同平台的算法机制，了解如何优化直播内容以获得更多的曝光；她会深入分析消费者的购买心理，学习如何在直播中与观众建立有效的互动，提高转化率。同时还积极参加各类电商培训课程和行业研讨会，与同行们交流经验，拓宽自己的视野。

经过三年的不懈努力，陈薇成功打造出了细分领域的头部 MCN 机构。她的团队培养出了多位知名主播，在直播电商领域取得了骄人的成绩。回顾自己的转型历程，陈薇感慨万千。

"季度清零法"让团队在忙碌的工作中，定期停下脚步，审视自己，更新知识储备，以更好地适应不断变化的市场环境。对于创业者来说，陈薇的经历无疑是一种激励，让我们明白，只要有勇气、有方法，就能够在激烈的市场竞争中实现自我价值，创造属于自己的辉煌。

在硅谷创业者的圈子里，"知识半衰期"这一概念正变得越来越流行。它强调不同领域的知识都有其有效期，并提醒人们需要根据这些有效期来管理自己的知识体系。例如，编程语言的保鲜期大约为 18 个月，营销方法论的有效期通常不超过 3 年，而基础逻辑思维能力的保质期则可长达十年。这种分类管理方式，不仅帮助创业者清晰地认识到哪些知识需要及时更新，还促使他们主动清空那些已经过时的知识容器，从而保持思维的灵活性和竞争力。

在当今快速变化的时代，知识的更新速度正在急剧加快。据 2024 年《Nature》杂志的研究显示，人类知识体系的半衰期已缩短至 2.3 年。这意味着，许多领域的知识在短短几年内就会变得过时。例如，在 AI 领域，知识的半衰期可能短至 47 天，而医学领域的知识半衰期则相对较长，约为 45 年。这种差异反映了不同领域的技术发展速度和知识更新频率。

这种知识保鲜的理念，提醒大家，必须持续学习和更新知识，才能在激烈的市场竞争中保持领先地位。例如，一名工程师如果不能及时掌握新的编程语言和技术框架，就可能会迅速被市场淘汰。因此，创业者需要像管理财务资产一样管理自己的知识资产，定期评估和更新知识体系，以适应不断变化的环境。

此外，知识半衰期的缩短也对教育体系提出了新的挑战。传统教育模式的教材编写周期往往无法跟上知识更新的速度。因此，创业者和专业人士需要更加主动地寻求学习资源，如在线课程、行业研讨会和技术社区，以确保自己的知识始终保持新鲜。

站在此刻回望，柯达胶卷破产、诺基亚陨落的故事不再令人唏嘘，反而成为新时代的生存寓言。归零不是否定过去，而是启动认知系统的杀毒更新；空杯不是放弃积累，而是为了装入更优质的认知燃料。在废墟上重建认知大厦，当特斯拉用 OTA 升级让汽车越开越新时，人类更需要建立持续升级的认知操作系统。在这个黑天鹅与灰犀牛共舞的时代，真正的安全感来自保持归零的勇气和空杯的能力——毕竟，能够摧毁我们的从来不是未知，而是我们深信不疑的已知。

三、从善

1. 曾仕强的智慧：道德修养的定数

曾仕强教授是一位在文化思想领域极具影响力的大家，他深耕中华传统文化，凭借着深厚的学术功底与独特的个人见解，将晦涩的国学经典以通俗易懂、妙趣横生的方式呈现给大众。他精通《易经》，在百家讲坛上对《易经》的解读，让无数人领略到古老智慧的魅力，对为人处世、企业管理、家庭教育等诸多方面，都给出了独到的见解和建议，其深入浅出的讲解风格，使不同年龄、不同背景的人都能从中汲取养分，获得启迪。

人应该有所畏惧，不能为了自己的需求，放纵自己，为所欲为。曾仕强教授的这一观点在我们的生活中有着深刻的现实意义。在现实生活里，我们无时无刻不面临着各种各样的诱惑，金钱、权力……这些诱惑就像隐藏在暗处的陷阱，我们稍有不慎就会深陷其中。倘若心中没有对道德和法律的敬畏，我们就如同脱缰的野马，失去了约束，极易在欲望的驱使下迷失自我。这份敬畏之心是我们守护道德修养的坚固盾牌，是我们在人生道路上保持清醒、坚守正道的重要保障。

在当下这个科技飞速发展、知识技能备受推崇的时代，我们必须清醒地认识到，倘若缺失了道德的正确指引，那些引以为傲的能力极有可能被引入歧途，不仅无法造福社会，反而会给他人带来难以估量的伤害。

周尧出生在一个宁静质朴的小村庄，家境并不宽裕，但父母言传身教，在他幼小的心灵中播下了善良与正直的种子。自小，周尧就展现出了超乎常人的热心肠，哪家邻居需要帮忙，他总是第一个冲上前去，村子里的男女老少都对这个懂事的孩子喜爱有加。

18岁那年，周尧生活的村庄迎来了一位特殊的客人——一位支教老师。这位老师就像一束光，将外面世界的新思想、新知识带到了这个闭塞的小村庄，为周尧打开了一扇通往广阔天地的窗户，让他对未来充满了无限的憧憬。然而，支教老师的生活条件却十分艰苦，简陋的宿舍、破旧的教学设施，都让周尧看在眼里，疼在心里。他暗下决心，一定要为老师做点儿什么。于是，周尧课余帮老师打扫宿舍，将杂乱的教学资料整理得井井有条。不仅如此，他还经常拉着同学们一起，用自己的方式为老师改善生活，或是从家里带来一些新鲜的蔬菜，或是帮老师修缮漏雨的屋顶。在周尧的带动下，整个班级的学习氛围焕然一新，同学们对知识的渴望被彻底点燃，学习热情空前高涨。

时光匆匆，转眼间周尧到了上大学的年纪。然而，家庭的经济困境却像一座大山横亘在他的求学之路上，让他陷入了绝望。就在他感到孤立无援的时候，曾经支教的老师得知了他的情况。老师没有丝毫犹豫，四处奔波，向亲朋好友、爱心人士讲述周尧的求学梦想和家庭困境，为他筹集学费。在老师和众多好心人的共同努力下，周尧终于如愿以偿，踏入了大学校园的大门。

进入大学后，周尧始终没有忘记自己的初心，那颗善良的种子在大学这片广阔的天地里生根发芽、茁壮成长。他积极投身于各种公益活动，敬老院里，有他陪伴孤寡老人聊天、帮他们打扫房间的身影；贫困学生家中，有他为孩子们辅导功课、送去学习用品的足迹。在一次志愿者活动中，周尧结识了一位身患重病的小女孩。小女孩的家庭和他一样贫困，面对高昂的医疗费用，一家人愁眉不展，以泪洗面。周尧看着小女孩瘦弱的身躯和充满渴望的眼神，内心被深深刺痛。他决定为小女孩发起一场募捐活动，希望能汇聚社会的爱心，帮助小女孩战胜病魔。

此后，周尧利用课余时间，穿梭在校园的各个角落，奔波于城市的大街小巷。他拿着小女孩的病历和照片，向每一个路过的人讲述小女孩的不幸遭遇，呼吁大家伸出援手，献出爱心。一开始，他遭遇了无数的质疑和嘲笑，有人认为他是在炒作，有人对他的行为嗤之以鼻。但周尧没有被这些挫折打倒，他坚信，只要自己不放弃，就一定能为小女孩带来生的希望。经过几个月坚持不懈的努力，爱心的力量终于汇聚成一股暖流，终于筹集到一笔可观的善款。

当周尧将这笔承载着无数爱心的善款交到小女孩父母手中时，小女孩的父母激动得热泪盈眶，扑通一声跪在地上，千恩万谢。小女孩也在大家的帮助下，顺利接受了手术，身体逐渐康复，脸上重新绽放出了灿烂的笑容。这件事在当地引起了强烈的反响，周尧的善举得到了社会各界的广泛认可和赞扬。但周尧却始终保持着谦逊，他总是微笑着说："我只是做了每个人在这种情况下都会做的事，大家都有困难的时候，互相帮助是应该的。"

"积善之家，必有余庆；积不善之家，必有余殃。"在当今这个物欲横流的社会，我们常常被各种物质欲望所裹挟，在追求名利的道路上越走越远，渐渐忽略了道德修养这一人生的根本。然而，正如曾仕强教授反复强调的，道德修养是人生的定数，是决定我们人生高度和广度的关键因素。

2. 道德经的启示：天道常佑善人

《道德经》作为中华民族传统文化的瑰宝，历经两千多年岁月洗礼，蕴含着深邃的哲学思想和处世智慧。"天道常佑善人"这一理念贯穿于《道德经》的字里行间，深刻地揭示了善与人生境遇之间的紧密联系。

"上善若水，水善利万物而不争。"老子以水作比，生动地诠释了善的至高境界。水，滋养万物，却从不与万物争高低、论长短，总是默默奉献，这种无私的善举正是顺应天道的体现。在现实生活中，那些秉持善良之心、行善良之事的人，往往也能像水一样，润泽他人，收获人生的福报。他们或许不会刻意追求回报，但天道自然会眷顾他们，让他们在人生的道路上走得更加顺遂。

"善者，吾善之；不善者，吾亦善之，德善也。"这是《道德经》对善的又一深刻解读。它教导我们，不仅要善待善良之人，对于不善之人，也要以善相待，这才是真正的德行之善。这种宽容和包容的善念，超越了个人的恩怨情仇，体现了一种更高层次的道德境界。当我们以这样的善念去对待他人时，或许能化解矛盾，让世界变得更加美好，同时也为自己积累了善德，赢得天道的庇佑。

王强的父母虽工作忙碌，但始终言传身教，向他传递善良的价值观。小时候，有一次王强跟着妈妈坐公交车，注意到一位老人上车后行动不便，没有座位。在妈妈的轻声引导下，王强立刻起身让座，老人感激的笑容，让他第一次真切体会到帮助他人带来的快乐。

读小学时，学校组织为贫困山区儿童捐赠衣物和书籍的活动。王强回家认真整理出自己不再穿的衣服、看过的书籍，还拿出积攒许久的零花钱买了新文具一并捐赠。

之后王强凭借自身努力考上了大学。大学期间，他利用课余时间做兼职赚取生活费，还将一部分钱存起来，准备做有意义的事。一次偶然的机会，他了解到学校附近有个流浪动物救助站因资金短缺面临关闭。救助站里可怜的小动物让王强心生怜悯，他毫不犹豫地捐出存款，还在学校发起募捐活动，向同学们宣传关爱流浪动物的重要性。在他的努力下，越来越多的人加入其中，救助站得以继续运营。

大学毕业后，王强进入一家科技企业工作。他所在的团队负责研发一款新型教育软件，旨在通过科技创新助力偏远地区教育发展，让更多孩子能享受到优质教育资源。项目推进过程困难重重，技术瓶颈、市场质疑以及团队内部的意见分歧接踵而至。王强没有退缩，他一方面利用业余时间查阅大量资料，尝试不同的技术解决方案；另一方面，积极组织团队成员沟通交流，耐心倾听每个人的想法，协调各方意见。

在攻克技术难题的关键时刻，王强了解到一位退休老教授在相关领域有深入研究。他多次登门拜访，虚心向老教授请教。老教授被他的真诚和执着打动，不仅为他提供了宝贵的建议，还主动加入项目团队，协助他们解决技术难题。在大家的共同努力下，这款教育软件成功研发并投入使用，受到了偏远地区师生的广泛好评。王强的工作得到了公司和社会的高度认可，他也因此获得了晋升机会，在行业内崭露头角。

后来，王强有了自主创业的想法，想要成立一家专注于教育科技的公司。创业初期，资金紧张、人才短缺、市场竞争激烈，每一步都充满艰辛。就在他感到压力巨大时，曾经因教育软件受益的偏远地区学校纷纷向他伸出援手，为他提供了一些合作机会；曾经的团队成员也信任他，纷纷加入他的创业团队；甚至一些被他的教育理念所打动的投资人，也主动与他联系，为他提供了必要的资金。在众人的帮助下，王强的公司逐渐走上正轨，发展越来越好。

王强一直都在践行善良，无论是对身边的同学、邻居，还是对那些素不相识的人，他都能给予无私的帮助。他的善举不仅温暖了他人的心，而且为自己积累了深厚的福报。当他面临困境时，曾经得到他帮助的人们都纷纷回馈他，帮助他渡过了难关。

善良是一种无声的力量，它能温暖人心、化解矛盾，让世界变得更加美好。当我们选择善良，就是在顺应天道，为自己的人生积累正能量。或许在短期内，我们的善举可能不会立刻得到回报，但从长远来看，天道必然会眷顾我们，让我们收获人生的幸福与成功。

3. 行善，从三件小事开始

从心理学角度来看，人的行为与心理紧密相连，我们常常追寻着生命的意义与价值，渴望能为这个世界带来一些积极的改变。当我们做出善举时，大脑会分泌内啡肽，这种物质能让我们产生愉悦感，带来内心的满足。这种正向的反馈机制，使得行善不仅仅是对他人的付出，更是对自我心理的一种积极调节。心理学中的"三件小事"通常指每天记录三件让自己感恩、开心或有成就感的小事，以此来提升心理幸福感。我们将这一概念与行善联系起来，会发现，其实行善也有看似微不足道、实际上很重要的的三件小事。

第一件小事，是微笑与问候。简单的一个微笑、一句问候，看似不值一提，却蕴含着巨大的能量。在心理学的人际吸引理论中，友善的表情和言语能够拉近人与人之间的心理距离，增加彼此的好感。想象一下，当你走在清晨的街道上，对着迎面而来的陌生人微笑并道一声"早上好"，对方可能会因这突如其来的善意而心情愉悦，原本平淡的一天也由此增添了一抹亮色。而对于你自己来说，送出微笑的瞬间，内心也会被一种温暖和善意所填满。这种积极的情绪传递，就像在人与人之间搭建起一座无形的桥梁，让整个社会的氛围变得更加和谐友善。对邻居的微笑和问候，能增进邻里关系，让原本陌生的邻里之间充满人情味；对同事的微笑和问候，能营造良好的工作氛围，提高团队的凝聚力。可能起初大家只是礼貌性地回应，但渐渐地，整个社会的氛围会变得不一样。一个小小的微笑与问候，就像一颗善的种子，在不经意间生根发芽，绽放出温暖的花朵。

第二件小事，是倾听与陪伴。人们往往忙于表达自己，而忽略了倾听他人的声音。倾听与陪伴是一种珍贵的善行。当我们认真倾听他人的烦恼和喜悦时，这种无声的支持往往比千言万语更有力量，对方会感受到被尊重和理解,这种情感上的支持能够有效缓解他们的压力,增强他们的心理韧性。

第三件小事,是随手的帮助。生活中,我们常常会遇到一些需要帮助的场景,一个小小的举动,就能为他人带来极大的便利。当我们主动帮助他人时,会感受到自己是有能力、有价值的,这种自我认知的提升有助于增强我们的自信心和幸福感。哪怕是在街头为迷路的人指路,都能让他人感受到社会的关爱。随手的帮助就像星星之火,虽然微弱,却能在他人心中燃起希望的光芒。

刘萌在一家广告公司做设计师,是位性格有些孤僻的年轻女子。她总是沉浸在自己的世界里,对周围的人和事都很淡漠。每天在公司,她总是面无表情地穿梭在同事之间,从不主动打招呼,更别说微笑问候了。面对同事的交流请求,她也是爱搭不理,久而久之,同事们都觉得她不好相处,团队活动也很少叫她。

有一回,团队接到一个重要项目,需要大家紧密合作。可刘萌在讨论方案时,只顾着表达自己的想法,完全不听别人的意见。当同事提出不同看法时,她还不耐烦地打断,根本不愿意倾听和陪伴他人交流想法。这使得团队讨论常常陷入僵局,项目进度严重受阻。

在生活中,刘萌也同样如此。有一次邻居老奶奶在楼道里不小心摔倒,东西撒了一地,刘萌路过时只是看了一眼,就径直走了,没有伸出援手。

工作上,因为人际关系差,她在公司越来越被孤立,项目参与度越来越低;生活里,邻里关系也很僵,她感到十分孤独和迷茫,内心充满了困惑和焦虑。

一次偶然的机会,刘萌去寺院散心,向住持倾诉了自己的烦恼。住持微笑着听完,缓缓说道:"其实,改变就在身边的小事中,学会微笑与问候、倾听与陪伴、随手的帮助,你就会发现生活大不一样。"

刘萌听后若有所思,决定尝试改变。第二天上班,她主动向同事微笑着打招呼,她自己其实很不习惯,同事们也都有些惊讶,但也热情地回应了她。在团队讨论时,她不再急于表达,而是耐心倾听每个同事的想法,还不时点头表示理解。同事们看到她的变化,也愿意和她交流,团队氛围逐渐融洽起来。

在生活中,刘萌也开始留意身边人的需求。有一次,她看到一位小朋友在小区里哭泣,便主动上前询问,帮小朋友找到了家人。小朋友的父母感激不已,刘萌心里也涌起一股暖流。还有一回,她发现邻居老奶奶提着重物很吃力,便主动帮忙提上楼,老奶奶拉着她的手,笑得满脸慈祥,那一刻,刘萌感受到了人与人之间的温暖。

慢慢地,刘萌发现自己的生活发生了巨大的变化。工作上,她参与的项目越来越多,和同事们配合默契,还得到了上司的表扬;生活中,她和邻居们相处得十分融洽,经常和大家一起聊天、参加活动,不再感到孤单。她终于明白,原来行善就在小事里,不仅温暖了他人,也照亮了自己的生活。

从心理学的角度深入分析,坚持行善不仅能够改善人际关系,提升他人的幸福感,更能对我们自身的心理健康产生积极影响。它能让我们拥有更积极的心态,增强心理韧性,提高自我认同感和幸福感。当我们将行善融入日常生活,成为一种习惯时,我们会发现,生活中的美好无处不在,我们与他人之间的联系也变得更加紧密和深厚。

也许一个微笑就能点亮他人的一天,一次倾听就能拯救一颗失落的心,一个小小的帮助就能改变他人的命运。因为,行善,从来都不是一件遥不可及的大事,它就藏在我们生活的点点滴滴中。让我们携手共进,让善良成为我们生活的底色,不仅为他人带来幸福,也能收获属于自己的心灵富足和人生意义。

4. 辨别身边的真善与伪善

善良作为一种美好的品质，常常被人们所推崇和追求。然而，善良也有真伪之分，让人混淆。学会辨别，不仅有助于我们建立健康的人际关系，还能让我们在面对复杂的社会现象时保持清醒的头脑。

真善的本质是发自内心的、不带任何私利的善良行为。它源于对他人真诚的关心和帮助，不求回报，也不需要任何外在的奖励。真善的行为具有利他性，总是以他人的利益为出发点，而不是为了自己的利益。真善的人言行一致，他们所说的和所做的完全相符，不会在口头上表示关心，而在实际行动上却毫无作为。真善的行为不带有任何隐藏的目的或条件，他们帮助他人时，不会期望任何回报，也不会因为自己的利益而改变态度。真善的行为能够激发他人的自觉和自省，而不是通过审判或指责来达到目的。真善的行为是纯粹的，不带有任何功利性。一个真正善良的人在帮助他人时，不会期待任何回报，也不会因为自己的善行而自满。

社区的小广场上，几位老人坐在树荫下乘凉，这时，社区义工林姐和王姐推着装有绿豆汤的小车走了过来。

"张爷爷，李奶奶，天气这么热，喝点绿豆汤解暑吧！"林姐细心地将汤盛好，双手递给老人。接着，她又去搀扶行动不便的李奶奶，帮她调整好座位，让她喝得更舒服。整个过程中，林姐没有多说什么，只是安静地观察老人们的需求，适时递上纸巾或帮忙收拾碗勺。当老人们感谢她时，她只是笑笑："应该的，您们舒服就好。"

与此同时，王姐也热情地招呼着其他居民："来来来，免费绿豆汤，清凉解暑！"她一边分发，一边高声说道："这大热天的，要不是我们这些义工，老人们哪能喝到这么好的汤？"她拿出手机，招呼几位老人："来，咱们拍个照，留个纪念！"老人们配合地露出笑容，王姐迅速拍了几张，低头在手机上编辑起来。没过多久,社区微信群里出现了她的动态:"炎炎夏日,为社区老人送清凉!看到他们的笑容,再累也值得!"配图是她精心挑选的几张她和老人们的合影,还加上了滤镜和标签。

几天后,社区组织了一次困难户慰问活动。林姐提前去了解了各家的情况,发现独居的刘阿姨腿脚不便,家里灯泡坏了很久都没修。活动当天,她带上了新灯泡和工具,帮刘阿姨换好,还检查了其他电器是否安全。临走时,刘阿姨拉着她的手道谢。林姐轻声说:"您有事随时叫我,别客气。"

而王姐则在活动前反复确认:"这次会有媒体来报道吗?"得知没有记者后,她显得有些失望。慰问过程中,她送完米油便匆匆离开,甚至在吴大爷家连水都没喝一口,理由是"还有下一家要跑"。然而,当晚她的朋友圈却更新了照片,写道:"奔波一天,虽然累,但能帮助他人,心里特别充实!"

一个月后,社区突发暴雨,低洼处积水严重。林姐得知后,立刻冒雨去查看独居老人的情况,帮他们转移物品,甚至挽起裤腿疏通下水道。而王姐在群里发了一条消息:"大家注意安全!需要帮助可以联系社区!"但直到雨停,她都没有露面。第二天,她在群里转发了一条防汛新闻,加上一句:"向所有奋战在一线的工作人员致敬!我们也要多关心邻里!"

伪善则是表面上看起来善良,但实际上隐藏着自私和虚伪的行为。伪善者往往利用善良的外表来掩盖自己的真实目的,以达到个人利益最大化。伪善者往往说一套做一套,用虚假的言辞来掩盖自己的真实意图。他们可能会在口头上表示关心,但在实际行动上却毫无作为。伪善者善于用甜言蜜语和虚假的笑容来营造一种亲近感,但实际上他们并不关心他人的感受。他们会在一个人需要帮助时选择冷漠,甚至在背后说其坏话。伪善者的善行往往带有隐藏的目的或条件。他们可能会在帮助他人时,期望得到某种回报或利益。一些人在做善事时,是为了在社交媒体上获得关注,而不是出于真正的善良。伪善者往往内心阴暗,嫉妒心很强。他们见不得别人过得比自己好,一旦发现别人超过自己,就会在背后使阴招。伪善者喜欢在背后诋毁他人,通过传播谣言或夸大事实来破坏他人的形象。他们表面上对你好,背后却可能在说其坏话。伪善者擅长利用情感来操控他人。他们可能会通过制造内疚感或怜悯心,让人在不知不觉中服从他们的要求。

辛辛是一名网络主播,为了吸引粉丝和流量,她经常在网络平台上发布一些关于宠物狗的视频。她总是以"爱狗人士"的形象示人,还呼吁大家关爱动物。

有一天,辛辛为了拍摄一个救狗的视频,她精心策划了一场戏。她先是在网上买了一只小奶狗,然后将小奶狗扔进河水中。小狗被水流冲得东倒西歪,惊恐万分,辛辛却在一边用手机拍摄,一边说着准备好的台词,直到附近的人发现了这一幕,把小狗救了起来,质问辛辛的同时还报了警。

经过调查,警方发现辛辛多次利用动物拍摄视频,甚至有虐待动物的行为。最终,辛辛被依法拘留,并被处以罚款。她的账号也被平台永久封禁,所有的视频都被删除。辛辛的伪善行为被曝光后,她在网络上遭到了众人的谴责,她的"爱狗人士"形象也彻底崩塌。

那些利用动物来获取利益的人,不仅会伤害无辜的生命,还会失去他人的信任和尊重。真正的爱,是尊重和保护,而不是利用和伤害。伪善的行为最终是会被揭穿的。

一个真正善良的人,他的言行会完全相符,会平等地对待每一个人,而伪善者则会在口头上表示关心,会根据自己的利益来决定对待他人的态度。伪善者可能在亲朋好友面前暴露真实面目。他们可能会在家人或朋友面前表现出真实的自私和冷漠。伪善者往往在权力和利益面前露出马脚，当涉及个人利益时，他们的真实面目则会暴露无遗。

真善的行为能够建立深厚的人际关系，赢得他人的信任和尊重。一个真正善良的人，会因为自己的善行而感到内心的满足和幸福。伪善的行为会破坏人际间的信任。当人们发现曾经信任的人原来是伪善者时，他们会感到愤怒、失望和背叛。这种情绪会进一步削弱社会信任的基础，导致人们之间的关系变得紧张和疏远。学会辨别身边的真善与伪善是保护自己不受伤害的重要技能。

5. 凭良心：为人处世的根本

人生如同一趟过山车，充满了不确定性和起伏。每一次决策，都可能将我们推向不同的方向。在这样的旅程中，我们需要一架可靠的人生导航仪，而良心无疑是最佳选择。

良心，本质上是深藏于我们心底的道德卫士。它无须外界监督，便能坚守道德底线。如同一把精准的游标卡尺，良心能够衡量我们行为的善恶。谚语云："万事劝人休瞒昧，头顶三尺有神明。"现如今，很多人都已深知世上没有神明，但实际上，我们仍可以理解为一个环境场中的蝴蝶效应——即使不存在超自然的监督，人的行为在复杂的环境中仍然会产生连锁反应，影响他人和整个社会。做事要对得起自己的良心，否则内心的安宁将受到干扰。我们的每一个举动，不仅影响他人，更关乎自身的内心平静。

在人际交往中，良心是我们的社交神器。真诚待人、诚实守信，正是良心在人际交往中的体现。当你以真心对待他人时，对方能够感受到你的热情，信任便能逐步建立。相反，若为了一时之利而欺骗他人，信任将瞬间崩塌，最终导致孤立无援。因此，良心是连接人与人之间友谊的魔法棒，用得好，朋友遍天下；用不好，自身陷孤独。

在职场中，良心是职业发展的秘密武器。认真负责地对待工作，坚守职业道德，是每个职场人的必备技能。一个凭良心工作的人，会将工作视为自己的使命，努力为公司创造价值。这样的态度自然会受到同事的称赞和上司的赏识。从长远来看，良心是职场中的隐形翅膀，可以助力职业发展。

在社会生活中，良心是维护公平正义的超级英雄。当看到不公正的事情时，良心会驱使我们站出来为弱势群体发声。这种对正义的坚守，无关个人利益，而是内心道德准则的驱动。虽然个人的力量看似微小，但这些善举汇聚起来，就能推动社会的进步，让社会更加公平和谐。

> 逢蒙是后羿的徒弟，他拜后羿为师，学习射箭。后羿将自己所有的射箭技巧都传授给了逢蒙，但逢蒙学成之后，却起了杀心。他觉得天下只有后羿的箭术比自己高，于是趁后羿不备，用箭射杀了后羿。在一些传说中，逢蒙还因觊觎嫦娥的美色，逼迫嫦娥交出长生不老药，导致嫦娥无奈之下吞药成仙。逢蒙的这种忘恩负义的行为，最终使他

成为历史上的反面典型,被后人唾弃。

贾雨村是《红楼梦》中的重要角色之一。他本是一介穷儒,寄宿在葫芦庙,靠写字卖帖为生。甄士隐欣赏其才华,慷慨解囊,赠予他银两和冬衣,助他进京赶考,使他有了为官的机会。然而,贾雨村在得到恩惠后,不仅没有报答甄士隐,反而在明知甄士隐之女香菱被拐卖的情况下,不予搭救,还将香菱判给薛蟠,使其陷入苦海。此外,贾雨村在贾府被抄家时,落井下石,向忠顺王告发贾府窝藏罪臣之物。他的行为充分体现了背信弃义的丑恶嘴脸,最终也遭到了应有的报应。

明代才子宋濂在《燕书》中也讲述了一个故事。齐国人西王须善于海上贸易,一次,他所乘的船只被海浪打翻,他在海上漂流许久,最终靠上了一个无人小岛。在岛上,他被一只猩猩救了性命。猩猩不仅给他食物,还让出自己的洞穴给他住,对他照顾有加。然而,当西王须遇到朋友获救后,他却提议杀掉猩猩取其血染毛织品。他的朋友听后大怒,认为西王须是人却不如畜生,于是将他绑上石头沉入海底。西王须的恩将仇报,最终导致他丧命,成为忘恩负义的典型。

楚国有一个叫狙公的人,以饲养猴子为生。他强迫猴子们采摘果实,自己却坐享其成。有一天,猴子们意识到自己被剥削,决定反抗,打破了狙公的栅栏,拿走了他存放的粮食,进入森林不再回来。狙公最终饿死。这个故事告诉我们,贪婪和剥削最终会导致自食其果。

这些故事都警示我们,忘恩负义、背信弃义、恩将仇报和贪婪剥削的行为,最终都不会有好下场。只有坚守良心,才能走得长远。凭良心做人做事,好处不胜枚举。它能赢得他人的尊重与信任,让内心保持平静。当我们回顾一生时,也不会因曾经的错误而后悔,而是能坦然地说:

"我这一生,无愧于心。"良心还具有传染性,我们的行为能够影响身边的人,尤其是下一代。通过以良心为准则,我们为社会树立了榜样,为社会的和谐发展贡献力量。

然而,现实生活中充满了诱惑,稍不注意,就可能被贪念和冲动蒙蔽双眼,做出违背良心的事情。这时,我们需要像孙悟空一样,练就一双火眼金睛,时刻保持清醒,坚守道德底线。通过自我反思和学习道德模范的故事,为良心充电,让它始终保持最佳状态,成为我们行为的指南针。

6. 诸恶莫作:善良的行为准则

善良究竟是什么?它不是一句空洞的口号,也不是一时兴起的冲动行为。善良是一种源自内心深处的温柔力量,是对他人的关怀、理解与尊重。它就像春日里的暖阳,能驱散人们心中的阴霾;又像夏日里的微风,能给燥热的心灵带来丝丝凉意;还像秋日里的硕果,给予人们实实在在的温暖和帮助;更像冬日里的炉火,在最寒冷的时候给予我们希望和力量。善良的人,总能设身处地地为他人着想,他们的一举一动,都散发着人性的光辉。

不做任何伤害他人、违背道德的事情,这听起来似乎很容易,但在现实生活中,要真正做到却并非易事。毕竟,我们每天都会面临各种各样的诱惑和选择,稍有不慎,就可能偏离善良的轨道。

在与他人交流时,不恶语伤人就是最基本的要求。你想想,那些尖酸刻薄的话语,就像一把把锋利的刀子,会深深刺痛别人的心。也许你只是一时图个嘴快,但对别人造成的伤害可能是长久的。相反,一句温暖的问候、一句真诚的鼓励,能像阳光一样照亮他人的世界。所以,管住自己的嘴巴,不说伤人的话,就是在践行"诸恶莫作",也是在播撒善良的种子。

生活中,我们可能会遇到各种诱惑,比如捡到别人的钱包,里面有大量现金和重要证件。这时候,是据为己有,还是物归原主,就是对我们道德底线的考验。如果我们选择了前者,不仅违背了良心,还可能给失主带来巨大的麻烦和损失。而当我们拾金不昧,将财物归还失主时,收获的不仅仅是别人的感激，更是内心的安宁和满足。

不通过不正当手段打压同事，不窃取他人的劳动成果，是每个职场人应有的职业操守。在职场中，我们都希望自己能够取得成功，但这种成功应该是通过自己的努力和实力获得的。只有凭借自己的真才实学和良好品德，与同事相互支持、共同进步，才能在职场中走得更远。

牛牛聪明伶俐，但从小就有些顽皮，常常因为一些恶作剧而惹麻烦。牛牛的父母工作繁忙，对他的管教相对松懈，这让他逐渐养成了我行我素的性格。

牛牛的恶作剧始于小学三年级。那时，他发现了一个"好玩"的游戏——在同学的书包里偷偷放一些奇怪的东西，比如小虫子、青蛙或是一些让人不舒服的小玩具。起初，同学们只是觉得好玩，但随着时间的推移，大家开始对牛牛的行为感到厌烦和害怕。牛牛却觉得这很有趣，他越来越大胆。

有一次，牛牛在同学小明的书包里放了一条小蛇。小明是个胆小的孩子，当他发现书包里有蛇时，吓得魂飞魄散，当场哭了起来。老师很快发现了这件事，把牛牛叫到办公室，严厉地批评了他。牛牛表面上答应不再做这样的事，但心里却觉得这没什么大不了的，只是被老师批评了而已。

进入初中后，牛牛的恶作剧开始升级。他不再满足于在学校里捣乱，而是把目标转向了社区。他喜欢在邻居的门上贴一些恶作剧的纸条，或者在别人的车胎上扎个小洞。有一次，他甚至在社区的公告栏上画了一些不雅的涂鸦，引起了居民们的强烈不满。

牛牛的行为逐渐引起了社区管理人员的注意。他们多次找到牛牛的父母，希望他们能好好管教牛牛。牛牛的父母虽然表面上答应，但并没有真正重视，认为这只是孩子的小把戏，长大自然就会好。

然而,牛牛的行为最终酿成了大错。那是一个周末的下午,牛牛和几个小伙伴在社区的空地上玩耍。他们发现了一个废弃的纸箱,牛牛提议用打火机点燃纸箱,看看会发生什么。小伙伴们虽然有些害怕,但在牛牛的怂恿下,还是同意了。

纸箱很快被点燃,火势迅速蔓延。牛牛和小伙伴们惊慌失措,不知道该怎么办。火势越来越大,很快蔓延到了附近的草丛和树木。由于当天风大,火势迅速失控,烧毁了社区的一片绿地,还蔓延到了附近的房屋。

社区的居民们发现后,纷纷赶来灭火,但火势已经难以控制。消防队赶到后,经过一个多小时的努力,才将大火扑灭。火灾虽然没有造成人员伤亡,但烧毁了社区的一片绿地,还烧坏了附近居民的房子,造成了巨大的经济损失。

火灾发生后,社区的居民们对牛牛的行为感到愤怒和失望。牛牛的父母也被叫到社区管理处,面对社区管理人员和受灾居民的质问,他们感到非常震惊和后悔。牛牛的父母意识到自己对牛牛的管教太松懈了。

牛牛和父母被要求赔偿受灾居民的损失,包括房屋修复费用、财物损失等,总计高达数十万元。这对于牛牛的家庭来说是一个沉重的负担。牛牛的父母不得不四处筹款,甚至卖掉了家里的一些贵重物品来赔偿损失。

当看到有人需要帮助时,不冷漠旁观,而是伸出援手;当遇到不公平的事情时,不随波逐流,而是勇敢地站出来发声。这些看似微不足道的举动,却能汇聚成一股强大的正能量,让社会变得更加美好。相反,如果每个人都只考虑自己的利益,对他人的痛苦和困境视而不见,甚至为了满足自己的私欲而伤害他人,那么整个社会将陷入混乱和黑暗中。

要时刻保持一颗敬畏之心。敬畏道德,敬畏法律,敬畏生命。当我们对这些心怀敬畏时,就能自觉约束自己的行为,不敢轻易触犯底线。

其次，要不断提高自己的道德修养。通过阅读经典书籍、学习优秀人物的事迹等方式，汲取正能量，让善良的种子在心中生根发芽。同时，还要学会自我反思，经常审视自己的行为，不断完善自己。

多一份关爱，少一份冷漠；多一份宽容，少一份计较；多一份帮助，少一份索取。用善良去对待身边的每一个人，用行动去传递温暖和正能量。因为，只有当我们每个人都坚守善良，世界才能变得更加美好，我们才能在人生的道路上收获更多的幸福和快乐。

7. 真正的善良，必带锋芒

在我们的认知里，善良一直是一种美好的品质，如同春日暖阳，温暖着世间万物。然而，真正的善良绝非是毫无底线的妥协与退让，它必然带着锋芒。这锋芒不是伤害他人的利器，而是保护善良本身、捍卫正义的力量。

善良，代表着对他人的关爱、对生命的尊重以及对世界的善意。当善良失去了锋芒，就容易沦为软弱与纵容。在生活中，我们常常看到一些人，他们出于善良的本心，对他人的请求有求必应，哪怕自己的利益受到损害也在所不惜。他们以为这就是善良的真谛，却不知这样廉价的善良，不仅无法真正帮助他人，反而可能助长他人的不良行为。

从人性的角度来看，人都有自私的一面，当面对毫无底线的善良时，有些人可能会选择利用这份善良来满足自己的私欲。如果善良没有锋芒，就如同没有设防的城堡，很容易被他人攻破。

从社会层面来说，世界上存在着各种不公正的现象和行为，如果善良的人都选择沉默和退缩，那么这些不良现象将会越发猖獗。真正善良的人，会在面对不公时，勇敢地站出来，用自己的力量去抗争，去为那些受到伤害的人发声。他们的善良，不仅仅是给予他人物质上的帮助，更是在精神上给予支持，在正义上给予捍卫。

瑶瑶是一个温柔善良的女生，无论是在工作还是生活中，她都习惯性地为他人着想，却常常因此被欺负。她的善良被一些人视为软弱，而她的忍让也被当作理所当然。

瑶瑶刚入职时，总是主动承担额外的工作任务，从不抱怨。每当同事遇到困难，她总是第一时间伸出援手，甚至不惜牺牲自己的休息时间。然而，她的善良并没有换来同事们的感激，反而被一些人视为好欺负。

有一次，公司接到一个紧急项目，需要加班赶进度。瑶瑶主动留下来帮忙，但其他同事却纷纷找借口推脱。项目完成后，领导表扬了团队的努力，但同事们却把功劳都归功于自己，完全忽略了瑶瑶的付出。瑶瑶虽然心里委屈，但还是选择了忍耐，她告诉自己："大家都是为了工作，何必计较这些。"

她有一个朋友小丽，总是以各种理由向瑶瑶借钱，而且一借就是好几个月不还。瑶瑶每次开口催促，小丽就以各种借口推脱，甚至还会生气。瑶瑶心里虽然不舒服，但还是不忍心拒绝，只能一次次地忍让。

随着时间的推移，瑶瑶发现自己的善良并没有换来应有的尊重。她意识到，善良固然重要，但也要学会保护自己，不能让自己的善良被无端利用。

瑶瑶开始不再主动承担过多的工作任务，而是学会合理分配自己的时间和精力。当同事再次提出不合理的要求时，她学会了委婉拒绝。她告诉自己："我可以帮助你，但不能牺牲自己的利益。"

在生活里，瑶瑶也学会了拒绝。当小丽再次借钱时，瑶瑶坦诚地表示自己手头也不宽裕，希望她能理解。小丽虽然有些不高兴，但瑶瑶坚持了自己的立场。她还学会了在面对不公正的待遇时，勇敢地表达自己的不满，而不是一味地忍耐。

瑶瑶的改变并没有立即得到他人的理解，反而引起了一些人的不满。在公司里，她的拒绝让一些同事感到不适应,甚至有人在背后说她的坏话。但瑶瑶并没有太过在意,还是该怎样就怎样。

随着时间的推移,瑶瑶在公司里的工作表现得到了领导的高度评价,她不仅获得了晋升的机会,还赢得了同事们的尊重。她的善良依然存在,但她学会了在善良的基础上保护自己,不再让自己的善良被无端利用。她的朋友们也反而更加珍惜她,不再随意利用她的好心。

瑶瑶的故事告诉我们,善良是一种美德,但善良也需要智慧和勇气来保护。只有学会保护自己,才能让善良真正发挥出它的价值。瑶瑶通过自己的努力和坚持,最终让生活回归了正常,也赢得了他人的尊重和认可。

真正的善良,必带锋芒。让我们在保持善良本心的同时,也拥有保护善良的力量。善良不是软弱的代名词,而是一股强大的力量。

一个真正善良的人,不会因为他人的请求或外界的压力而放弃自己的原则。他们知道,有些事情是绝对不能做的,哪怕是出于善良的初衷。比如,当面对他人不合理的要求时,懂得说"不",这并不是冷漠,而是对自己和他人负责的表现。只有坚守住自己的原则底线,善良才能保持其纯粹性,不被扭曲和利用。

在面对社会上的不良现象时,真正善良的人不会选择沉默,他们会勇敢地站出来,用自己的声音去唤醒更多人的良知。他们的言辞或许并不激烈,却充满力量,能够直击问题的本质。他们明白,沉默只会让恶势力更加嚣张,只有勇敢地发声,才能让正义得到伸张。

当看到有人需要帮助时,真正善良的人会毫不犹豫地伸出援手,但这种帮助是有智慧、有策略的。他们不会盲目地给予,而是会根据实际情况,给予最恰当的帮助。比如,对于那些因为懒惰而陷入困境的人,善良的人不会一味地施舍,而是会引导他们通过自己的努力去改变现状,帮助他们树立正确的价值观和生活态度。

我们要学会分辨是非善恶,清楚地知道什么是真正的善良,什么是伪善，在面对各种情况时做出正确的判断。还要增强自己的勇气和担当精神，不断地修炼自己的内心，让自己变得更加坚强和自信。这样，当面对不公和邪恶时，自己才能有勇气站出来。

8. 做人留一线，日后好相见

我们每日都穿梭于形形色色的人群与事务中。在人际交往中，不把事情做绝，不将话说尽，避免因一时的冲动或狭隘的认知，给他人带来难以挽回的伤害，也为自己保留一份退路与可能。

在日常生活中，我们难免会与他人产生矛盾和分歧。若是在矛盾发生时，双方都针锋相对，互不相让，非要争出个你死我活，那么最终的结果往往是两败俱伤，不仅伤害了彼此的感情，还可能在心中种下怨恨的种子，为日后的相处埋下隐患。相反，如果我们能够在冲突中保持冷静，多站在对方的角度思考问题，以理解和包容的心态去处理矛盾，那么很多看似棘手的问题都能够迎刃而解。这样不仅能够化解矛盾，还能让彼此的关系更加融洽，为日后的再次相遇和合作奠定良好的基础。

职场是一个充满竞争与合作的环境，我们与同事、上司和下属之间都有着千丝万缕的联系。在竞争时，如果一味地追求胜利，不择手段地打压对手，虽然可能在短期内获得一些利益，但从长远来看，却会破坏团队的和谐氛围，损害自己的声誉。而且，职场的变化日新月异，今天的竞争对手可能明天就会成为自己的合作伙伴，今天的下属也可能在未来的某一天成为自己的上司。因此，在工作中，我们应该以一种公平、公正的态度参与竞争，尊重他人的努力和成果，即使在取得胜利时，也不要过于张扬和得意，要给他人留下足够的尊严和空间。这样，当我们在未来的工作中遇到困难时，才有可能得到他人的帮助和支持。

家庭成员之间，由于长期生活在一起，难免会因为生活习惯、价值观等方面的差异而产生摩擦。如果在发生矛盾时，彼此恶语相向，互揭伤疤，那么家庭的温暖将会荡然无存，亲情也会在一次次的争吵中变得淡薄。相反，如果我们能够多一些理解和包容，少一些指责和抱怨，在发生矛盾时，以平和的心态去沟通和解决问题，那么家庭将会成为我们温馨的港湾，亲情也会更加深厚和牢固。

战国时期，梁国与楚国相邻，两国边境的亭卒们负责管理各自的瓜田。梁国大夫宋就管辖的边亭与楚国的边亭相邻，两边都种瓜田。梁亭的亭卒们勤劳肯干，瓜田长势良好，果实累累；而楚亭的亭卒们懒惰懈怠，瓜田长势不佳，果实稀少。

楚亭的亭卒们看到梁亭的瓜田长势喜人，心生嫉妒。于是，他们趁夜潜入梁亭的瓜田，将瓜苗踩坏，破坏了梁亭的瓜田。第二天，梁亭的亭卒们发现瓜田被破坏，非常愤怒，纷纷向宋就请示，要求报复楚亭。

宋就听后，沉思片刻，说道："我们不能以恶报恶。如果我们也去破坏楚亭的瓜田，只会让两国之间的矛盾升级，最终受害的还是百姓。我们应该以德报怨，用善良化解仇恨。"他随即命令梁亭的亭卒们，每晚秘密为楚亭的瓜田浇水，帮助楚亭的瓜田恢复生长。

梁亭的亭卒们虽然有些不情愿，但还是按照宋就的吩咐行事。几天后，楚亭的亭卒们发现瓜田的长势逐渐好转，感到非常奇怪。他们经过调查，发现原来是梁亭的亭卒们在夜间为他们的瓜田浇水。楚亭的亭卒们深感惭愧，主动向梁亭的亭卒们道歉，并将此事上报给了楚王。

楚王得知此事后，非常感动。他认为梁国的宋就不仅是一位有智慧的官员，更是一位有德行的君子。楚王决定以礼相待，主动向梁王致歉，并提出加强两国之间的友好关系。梁王也对宋就的宽容和智慧表示赞赏，同意了楚王的提议。

从此，梁楚两国边境的百姓们和睦相处，不再有争执和冲突。宋就的宽容和智慧不仅化解了两国之间的矛盾，还促进了两国的友好往来。梁楚两国的边境地区也因此变得更加繁荣和安宁。

宽容和善良不仅能化解矛盾,还能赢得他人的尊重和友谊。在为人处世中,我们常常会遇到各种矛盾和冲突,但如果我们能够以德报怨,用善良去化解仇恨,就能避免不必要的争执。

当他人遭遇失败或处于困境时,我们不应落井下石,而是要给予他们鼓励和帮助。因为每个人都有可能遭遇挫折,今天的失败者也许明天就会重新崛起。我们的鼓励和帮助,不仅能够让他们感受到温暖和希望,也能为自己积累一份善缘。同样,对于弱势群体,我们更应该给予关爱和尊重,不要因为他们的弱小而轻视或欺负他们。

那么,如何才能做到呢?首先,我们要学会控制自己的情绪。在面对冲突和矛盾时,情绪往往容易失控,说出或做出一些让自己后悔的话和事。因此,我们要时刻保持冷静,学会在情绪激动时给自己一些时间和空间,让情绪平复下来后再去处理问题。其次,我们要培养换位思考的能力。多站在对方的角度思考问题,理解对方的立场和感受,这样才能更好地避免冲突的发生,也能在处理矛盾时更加客观和理性。最后,我们要不断提升自己的修养和格局。一个修养高、格局大的人,往往能够以更加宽广的胸怀去对待他人,不会因为一时的得失而斤斤计较。

四、慎独

1. 自律：内心的道德法庭

曾国藩每日坚持写日记，记录自己的言行得失，反思过错并督促自己改正。这种自省的习惯看似是儒家克己复礼的体现，实则是将社会规范内化为自我约束。这种自律不仅让他在复杂的政治环境中长期立于不败之地，更成为他一生的行事准则，在官场中树立了高尚的道德形象，为他的政治生涯奠定了坚实的基础，最终成就了一代名臣的传奇。他知道，只有具备高度的自我控制能力，才能在各种利益冲突中保持清醒的头脑，不被欲望和诱惑所左右。

孔子言"七十而从心所欲不逾矩"，其本质是道德内化后的自由：欲望与原则不再对立，而是如血液般自然流淌。真正的自律是一场内在的审判，它不依赖外界的监督，而是以人性中的幽微为案卷，以道德为法槌，在暗处无声地裁决欲望与原则的冲突。这种内化的自律，让道德成为一种本能，既是修身的刀锋，又是处世的盾牌。世俗的规则如同写在纸上的律令，而自律者早已将规则熔铸成骨骼，内化为自身的一部分。他们不需要外在的监督，因为自律者深知，从"他律"到"自讼"是道德内化的必经之路，内心的道德法庭时刻在审判自己的行为。

在利益与道德的交锋中，自律是唯一能抵御诱惑的定海神针。张仪出身于魏国，但他选择投靠秦国，并成为秦国的重要谋士。他的这一选择，一方面源于他对秦国强大国力的认同，另一方面也是因为他深知秦国的法家思想和严格的法律制度能够为他提供施展才华的平台。在秦国，张仪得到了秦惠王的重用，被任命为相邦，负责秦国的外交事务。

张仪的欣慰并非没有受到过考验。当时,各国之间利益交织,纵横家们常常为了个人利益而频繁倒戈。然而,面对各种新的诱惑和机会,张仪始终坚守对秦国的忠诚。这种看似矛盾的忠诚,实则是他以自律划定的权谋底线——若连自己都无法驾驭,又何以驾驭他人?

在面对各种利益诱惑时,自律能够帮助我们避免因短期利益而陷入长期困境。无论是个人的职业发展,还是企业的商业行为,自律都是抵御诱惑的关键。

科技公司创始人胡晚始终怀揣着优化生活方式、助力自我管理的热忱,在对人类行为与情绪的深入研究中,精心设计出了一套独特的"延迟满足算法"。

这套算法的核心原理,便是运用先进的机器逻辑,细致入微地捕捉到人们情绪的起伏变化,对人们的情绪波动情况进行精准打分,仿佛是一位洞察人心的智能管家。无论是面对突如其来的愤怒、难以抑制的冲动,还是瞬间涌起的过度兴奋等情绪,它都能迅速且准确地予以量化评估,将这些原本抽象的情绪状态转化为直观的数据呈现出来。

基于打分,算法还会在关键时刻强制启动理性决策模式。比如说,当胡晚自己在工作中遇到棘手难题、内心滋生出烦躁与焦虑时,算法便会即刻介入。它会在胡晚的眼前弹出提示框,用简洁明了的数据和理性的分析提醒他此刻情绪处于何种状态,若是冲动行事可能会带来怎样的不良后果,进而引导他暂时搁置当下的冲动想法,按照预先设定好的理性决策流程去思考、去权衡,从而避免因情绪左右而做出错误的判断。

通过长期运用这一算法,胡晚实现了情绪的自律。在生活中,面对各种消费诱惑,以往他可能会不假思索地满足自己一时的欲望,可如今算法会帮他分析购买的必要性以及对财务规划的影响,让他能够克制冲动消费,合理规划收支,使得个人财务状况变得井然有序;在工作方面,无论是面对项目推进中的重重阻碍,还是与合作伙伴产生分歧,他都能沉稳应对，不再被情绪牵着鼻子走，凭借理性决策精准地找到解决问题的最佳途径，让公司的业务得以稳步拓展，团队凝聚力也不断增强。这种自律还让他拥有了更多的时间和精力去进行深度思考与学习，不断提升自己的知识储备和专业素养，进而带领公司在激烈的科技竞争中持续创新。

习惯的力量是巨大的，一些看似微不足道的小习惯一旦形成，自律就会变得相对容易，就会在潜移默化中塑造我们的行为和生活方式，将行为转化为一种自然的模式，从而不仅减少了决策的难度，还让自律成为一种无须过多思考的本能反应。

在追求目标的过程中，诱惑无处不在，它们常常分散我们的注意力，让我们偏离既定的方向，因此，有必要主动减少诱惑。如果你想减少使用手机的时间，可以将手机放在远离自己的地方，或者在学习时关闭手机。这样可以降低自律的难度，避免因频繁的诱惑而消耗意志力。

自律最重要的是明确自己的目标。目标会让人获得信念，而且越具体清晰，自律的动力就越强。明确的目标能够为我们提供清晰的方向和动力，让我们知道每一步的努力都是为了实现最终的愿景。例如，如果你想提高学习效率，可以设定每天具体的时间和任务量，如每天早上 7 至 8 点背单词，每周背诵 100 个单词。这种具体的目标不仅让自律有了明确的抓手，还让我们在实现目标的过程中享受到成就感，从而进一步增强自律的动力。

绝对的自律是暴政，适度的容错显智慧。商鞅变法严刑峻法，最终身死法消；而管仲改革则允许市井之徒的存在，以弹性秩序换取国力强盛。真正的自律需保留一丝混沌，允许试错成为进化的阶梯。自律者并非不犯错，而是能够在犯错后及时反思和调整。这种适度的容错机制，不仅能够避免因过于苛刻的自律而导致的自我压抑，还能在实践中不断修正和完善自己的行为。

道德的高地若不设防线，终将被现实的泥沼吞噬；而谋略的锋芒若失去自律的剑鞘，必会反噬执剑之人。自律者的终极境界，是成为自己的法官、律师与陪审团。通过内心的审判，不仅能够约束自己的行为，还能在复杂的社会环境中保持独立和自由。这种自律，既是对自己的严格要求，也是对世界的深刻理解。在江湖中，唯有将自律锻造成内心的法庭，才能在审判他人的同时，不被他人审判。

2. 断联：与数字化时代切割

在当今算法主导的信息时代，人类正经历一场无声的"精神殖民"。屏幕里的每一次推送都成了精心设计的诱饵，手指的每一次滑动都在透支我们专注力的本金。我们看似自由，实则被算法编织的信息茧房所包裹，困在了一个个精心设计的信息牢笼中。真正的智者知道，断联是一种谋略家与时代的对赌。通过与世界主动地失联，换取生命战略的主动权，为自己孕育思想的沃土。

推特创始人杰克·多西每日冥想两小时，刻意制造"数字真空"。这让他能够从信息的洪流中抽离出来，专注于真正重要的思考和决策。他深知，真正的力量不在于无休止的信息扩张，而在于收缩后的精准打击。同样，雍正帝在批阅奏折时，常将急件压后三日再回复。这种延迟回应不仅能冷却情绪，还能试探臣子的忠诚。断联不是切断物理联系，而是重构价值序列，放弃99%的噪声，才能听见1%的真相。

真正的断联，需要像狙击手扣动扳机一样，在信息的洪流中保持冷静和克制，继续力量，通过有意识地减少干扰，专注于真正重要的目标。经过长时间的静默和准备，只为在关键时刻实现致命一击。

泡腾动漫公司创始人馄饨从两年前决定每周强制自己断网24小时，让人颇感意外。而两年后，公司估值一路逆势上扬，数据告诉了身边每一个人答案。

馄饨身处竞争激烈的动漫行业，市场风向瞬息万变，创意更迭迅速，时刻紧跟网络动态、掌握海量信息似乎成了从业者们的生存法则。作为公司的掌舵人，馄饨平日里要关注国内外动漫的最新潮流趋势，要通过网络与各路创作者、发行商以及合作平台保持密切沟通，还要时刻留意观众在网络上反馈的喜好与意见，网络就像他工作中不可或缺的空气一般，须臾不可离。

也是因为长时间浸淫在繁杂网络中，馄饨越发觉得自己陷入了一种疲于奔命的困境。各种即时消息、社交媒体上的资讯、五花八门的动漫相关报道铺天盖地涌来，让他的注意力被切割得支离破碎，很难静下心来去深入构思一个好的动漫故事，去细致打磨一部作品的品质。每一次想要静下心来做些长远规划或深度思考时，总会被不断弹出的消息提示打断思路，决策也常常变得仓促而缺乏深度，整个工作状态变得浮躁且低效。

馄饨看着每况愈下的公司业绩，决定做一次身心大扫除。在没有网络干扰的24小时里，他进入了一个专属空间，思绪不再被外界的嘈杂所扰乱。仅一次，就让他产生了新的灵感和启发，便决定坚持下去。刚开始执行时，不适应感如影随形，总担心错过重要的合作机会，害怕因为一时的断联而让公司在行业竞争中掉队。

但随着断网时间的一次次到来，馄饨逐渐体会到了其中蕴藏的巨大价值。他可以坐在舒适的角落，心无旁骛地回顾公司已推出动漫作品的优缺点,从剧情架构到画面表现,从角色塑造到主题传达,细细剖析,为后续的改进找到方向。他也能全身心地投入对新动漫项目的创意构思中,让灵感在脑海中自由驰骋,不再受网络上既有风格和流行元素的局限,从而挖掘出更具独特性和创新性的故事内容。

同时,与团队成员的线下交流变得更加频繁且深入。他会组织大家围坐在一起,分享各自对动漫创作的想法和感悟,倾听每一个人的创意和建议,团队成员之间的默契在面对面的沟通中不断增强,大家的创作热情也被极大地激发出来。而在与合作伙伴的线下会面中,没有了网络沟通的那种距离感和稍纵即逝感,双方能够更加深入地探讨合作细节,达成更契合彼此发展的合作意向。

就这样,泡腾动漫公司悄然发生着积极的变化,作品质量稳步提升,团队协作更加高效,合作机会也接踵而至,公司的整体实力不断增强,估值也随之水涨船高。

在无 Wifi 的空间里,人们可以摆脱数字设备的束缚,专注于阅读一本书、与家人深入交流,或者进行一次深度思考。这种隔离空间的物理断联,实际上是对内心世界的重新探索和回归,更是对生命的重新掌控。

时间断联则是对生活节奏的主动调整。谷歌的"20%自由时间"制度不仅鼓励员工进行创新,更是一种对个人时间的尊重和释放。通过预留反刍空档,人们可以将碎片化的时间重新整合,用于深度学习、自我反思或创造性思考。

苏轼的"八风吹不动"心法,不仅是一种对外界干扰的免疫力,更是一种对内心世界的深度修炼。通过保持对热搜的钝感力,人们可以避免被无意义的信息裹挟,专注于真正有价值的内容。这种认知上的断联,实际上是一种对信息筛选的主动选择,是对自我认知的提升和深化。

尼采曾说:"当你凝视深渊,深渊也在凝视你。"在算法时代的当下,当你收藏文章,文章也在驯化你。前德国总理默克尔不用智能手机,却通过秘书精准筛选信息流。这种做法让她能够从海量信息中提取真正有价值的内容，而不是被无休止地推送所裹挟。《庄子》中庖丁解牛"以无厚入有间"的智慧，恰似现代人用断联在数据洪流中辟出一条刀锋小径。通过断联，我们能够从信息的泥沼中解脱出来，专注于真正重要的工作。

3. 独行：与天地精神往来

王阳明龙场悟道，在蛮荒之地参透"心即理"，实为通过地理隔离切断朝堂纷争，装备思想库。独行是最高效的防守，能在喧嚣中修筑护城河。通过暂时的隔离，为思想和精神提供一个安静的避风港，从而在喧嚣中保持清醒的头脑，不被外界的纷扰所左右。

苏轼流放黄州时写下《赤壁赋》，将政治失意转化为美学革命；德国哲学家海德格尔隐居黑森林小木屋，在斧劈木柴的节奏中破解存在主义密码——他们都在证明：独行是价值体系的"地下工程"。独行者的真正战场在认知维度，是一种精神上的自治。通过在孤独中反思和探索，独行者能够构建起自己的价值体系，从而在复杂的世界中保持独立和自主。

乔布斯禅修之旅后，将极简主义注入苹果产品，用"少即是多"对抗诺基亚的机海战术。这种独行的智慧不仅体现在个人的精神探索中，而且体现在对产品和事业的深刻理解上。

> 苏晓曾经是一个极度在意他人目光的女孩，以至于她的生活仿佛是一场时刻在接受他人审视的表演，每一个举动、每一句话语，都要先在心里反复掂量，想着这样做会不会被别人议论，那样说会不会遭人嫌弃。
>
> 在学校里，哪怕只是简单地回答一个问题，她都会紧张地观察同学们的表情，若是看到有人微微皱眉或露出一丝不屑的神情，便会陷入自我怀疑中，觉得自己是不是说错话了，是不是被别人看笑话了。参加集体活动时，她更是小心翼翼，不敢主动去展现自己，总是害怕自己的表现不够好，成为别人茶余饭后的谈资。
>
> 工作后，这种情况越发严重。每次开会发言，她都会提前准备很久，可真到了发言的时候，只要看到同事们看向自己，

或者听到一点小声的嘀咕,她就会心慌意乱,声音不自觉地颤抖,原本想好的内容也说得磕磕绊绊。和同事们相处,她也总是努力去迎合大家的喜好,不敢表达自己真实的想法,哪怕心里有不同意见,也只是默默点头附和。

长期处于这样的精神高压之下,苏晓的身体和心理都亮起了红灯。她开始频繁失眠,夜里常常辗转反侧,脑海里不断回放着那些她觉得别人可能对自己不满的场景。白天则精神萎靡,工作效率低下,记忆力也大不如从前。渐渐地,神经衰弱找上了她,头痛、心慌、焦虑等症状如影随形,让她痛苦不堪。

有好几次,她觉得生活实在是太煎熬了,甚至萌生出了一死了之的可怕念头。好在绝望的那一刻,一个念头闪过她的脑海:连死都不怕了,为什么还要怕别人的评价呢?

想通之后,苏晓像真的重生了一般,开始遵循自己内心的声音去生活。在公司里,她不再盲目迎合别人,遇到不同意见会勇敢地表达出来,开会发言时也只专注于把自己的想法清晰地阐述清楚,不再去在意旁人的眼神。在生活中,她按照自己的喜好去穿衣打扮,去参加自己感兴趣的活动,不再为了别人眼中所谓的合群而委屈自己。

慢慢地,她整个人变得自信又洒脱,身上仿佛散发着一种独特的光芒。而这份真实和自信,也吸引了周围人的目光。不久后,她结识了一个男孩,那个男孩喜欢她的性格,欣赏她的真实。苏晓也终于绽放出了属于自己的精彩。

曾国藩组建湘军时白天治军,夜读《庄子》,用老庄哲学缓冲儒家事功带来的精神熵增;独行不是切断联系,而是建立单向通道,自由行走于出世与入世间。现代企业核心算法团队独立办公,既避免思维同质化,又不脱离产品前线,是一种有选择的连接。通过在孤独中沉淀思想,更好地理解世界。

庄子观鱼于濠梁,看似闲散,实则在自然中参透博弈本质;张旭观公孙大娘舞剑悟出狂草笔法,将世俗技艺升华为艺术哲学。许多伟大的思想家、哲学家，常常独自漫步在山间、海边，在这样放松的状态下，他们可以深入地思索关于人性、道德、生命的诸多问题，不断梳理自己的思想脉络，进而形成极具影响力的哲学观点。通过在孤独中观察和思考，更容易从日常生活中发现新的灵感和启示，从而将世俗的技艺升华为艺术和哲学。对于普通人而言，独自阅读一本好书、独自去旅行，在这些独行的经历里，也能静下心来反思自己过往的经历，总结经验教训，更清晰地认识自己，实现自我成长。

独行之时，周围没有他人的打扰和外界纷繁声音的干扰，个体能够全身心地沉浸在自己的内心世界中。那些独自攀登高峰的登山爱好者，他们在崇山峻岭间，独自应对恶劣的天气、险峻的路况，每一次克服困难，都是对自己意志的一次锤炼，让他们在往后的生活中，更有勇气和能力去应对各种未知的艰难险阻。选择独行，便意味着没有他人可以随时依靠，要独自面对诸多困难与挑战，一切都需要依靠自己去解决。

独行给予了人们充分的自由空间，使其能够按照自己的节奏和方式去探索世界、开展工作。像一些艺术家，他们往往喜欢独自在工作室里创作，不受外界常规思维和大众审美标准的束缚，将自己独特的内心感受、想法通过画笔、音符等形式展现出来，创造出别具一格的艺术作品。

独行的最高境界是成为人群中的可控变量。姜子牙直钩垂钓渭水，钓的不是鱼而是周文王；真正的谋略家会在独行处筑起思想的堤坝——那里没有追随者的脚印，却布满破局者的锚点。

群居于集体是人类的本能。长时间缺少与他人的情感交流和互动，容易让人陷入孤独。由此而生的孤独感若得不到排解，则会逐渐累积，转化为心理压力。久而久之就可能会出现心理问题。而且在独行的状态下，接触到的信息、观点大多来源于自身的认知范围，很难从他人那里获取多元的视角和不同的想法，容易陷入思维定式。

独行者总被误读为孤僻或叛逆。然而，真正的独行既非对世俗的逃离，亦非对人群的蔑视，而是以天地为棋盘，以精神为棋子，在孤独中完成对生存规则的降维构建。庄子的"独与天地精神往来"，就是在无人之境炼就破局之力，在寂静之处听见时代底音。

4. 知止：无限的扩张与奔劳

人类天性喜欢扩张。扩张获得的领地也好，生产力也罢，都被视作发展与进步的勋章。当世界沉醉于增长的狂欢时，知止者仍在在喧嚣中保持清醒，既能见好就收以守护成果，又能及时止损以避开深渊，是《大学》中"知止而后有定"的修身哲学。

《周易》乾卦中有"亢龙有悔"之言。汉武帝晚年颁布《轮台罪己诏》，叫停了持续三十年的对外战争，通过政治自省避免了帝国的崩盘。知止并非退缩，而是将有限的资源重新配置到更具"反脆弱性"的领域，恰似围棋高手在关键时刻弃子争先，以小的牺牲换取更大的主动权。

诺基亚在功能机时代曾占据超过40%的市场份额，凭借其坚固耐用的产品和广泛的市场覆盖，成为全球手机市场的霸主。随着智能手机的兴起，诺基亚却因盲目扩张智能机市场，错失了转型的黄金窗口。诺基亚试图通过推出自己的智能手机系统来应对市场变化，但由于对新技术的适应缓慢，以及对市场需求的误判，最终未能跟上其他新品牌的崛起，从巅峰跌落，逐渐失去了市场主导地位。

亚马逊创始人贝佐斯在电商领域取得垄断地位后，主动拆分云业务（AWS），它是全球领先的云计算服务平台，为企业和个人提供广泛的云计算服务。AWS 的拆分和独立运营是贝佐斯战略布局中的重要一步，它不仅为亚马逊开辟了新的增长极，还改变了全球云计算市场的格局，也使其在云计算领域占据了领先地位。通过将资源重新配置到更具潜力的领域，贝佐斯不仅巩固了亚马逊的市场地位，还为公司未来的持续增长奠定了坚实的基础。

化工厂老板周显勇在行业内默默耕耘多年，生意一直平稳。在一场直播带货活动中，周显勇抱着试一试的心态，带着自家生产的洗洁精进入了直播间。没想到，这款平日里在市场上表现平平的洗洁精，竟凭借着直播的强大影响力以及一些偶然因素，瞬间引发了网友们的热烈关注，订单如雪花般飞来，产品迅速脱销。看着那飙升的销量数据，周显勇觉得自己接住了所谓的"泼天富贵"，当即决定抓住这个难得的机会，立马扩大生产线。

周显勇投入大量资金，租下更大的厂房，购置了一批新的生产设备，还招聘了许多工人，满心期待着产量大幅提升后，能继续在市场上大赚一笔。

可事实上，市场上同类竞品本来就多，周显勇的这款产品还缺乏独特的卖点和特色，便很快失去了吸引力。消费者在那阵短暂的狂欢后，回到了各自原来的位置。而此时化工厂的运营成本与前几个月已不能同日而语。

每天光是设备的维护费用、工人的工资以及厂房的租金等开支，就是一笔不小的数目。产品滞销，资金难以回笼，可各项成本却依旧要支出，之前赚到的那些钱一点点地消耗在了这日益艰难的运营中，甚至连原先投入的本钱都赔进去了不少。

倘若周显勇在产品初获成功之时，能够稳扎稳打，将赚到的资金去优化产品，挖掘产品的特色，提升产品品质，或者进一步拓展销售渠道、做好品牌建设，或许就不能陷入如今这般狼狈又亏损的境地了。

稻盛和夫所经营的企业，凭借着高品质的产品和卓越的运营管理，在市场上逐渐站稳脚跟，业绩翻番。但每当利润率触及30%的红线时，稻盛和夫便会将超出部分的利润立即投入新技术的研发中，而非扩大生产线。看似放弃了眼前进一步扩大利润的机会，实则是为企业的长远发展筑牢了根基。通过持续投资新技术，企业在市场中始终保持着技术领先的优势，即使面对同行的激烈竞争以及市场的风云变幻，也能从容应对。产品因为新技术的加持不断迭代更新，深受消费者喜爱，市场份额得以稳固，并且还能不断拓展新的客户群体。因为一旦市场需求出现波动，供过于求的情况就会导致产品积压，资金回笼困难；又或者新技术的突然出现，会让现有的生产模式和产品迅速失去竞争力。

知止是巅峰时刻转身的清醒。范蠡助越王勾践灭吴后，选择泛舟五湖，功成身退；张良在辅佐刘邦建立汉朝后，追随赤松子游历四方。

止损是斩断沉没成本的果断。项羽不肯过江东，最终血溅乌江；雷曼兄弟死守次贷头寸，引发了全球金融危机。历史反复证明，止损能力往往决定了生存的时长。巴菲特在2020年割肉抛售航空股，尽管亏损了50亿美元，却为后续抄底优质资产腾出了资金。止损，是以自残换生机的艰难抉择，是在错误的道路上及时回头，避免更大的损失。

从吴王夫差的纵情享乐导致亡国，到WeWork估值暴跌90%，历史总在重复同一个教训：不知止者，必为势所止。真正的强大不在于持续前进，而在于能在恰当的瞬间定格。知止或许不能承诺带来辉煌，但能确保我们不至坠入深渊。

5. 慎独四法：静、思、省、定

超我、自我和本我是弗洛伊德精神分析理论中的核心概念，用以描述人格的三个主要组成部分及其相互关系。本我是人格中最原始的部分，遵循快乐原则，追求即时的满足和快乐，不受道德和社会规范的约束。自我则遵循现实原则，在本我的冲动和超我的道德约束之间进行调解，试图以现实可行的方式满足本我的需求。超我代表了道德和社会规范，是人格中的道德裁判者，它对自我施加道德压力，要求行为符合社会的道德标准。

超我代表着道德的约束和社会的期望，时刻监督着我们的行为是否符合道德和规范；本我则代表着原始的冲动和欲望，它追求即时的满足和快乐，常常试图突破道德的边界。慎独便是抑制本我的冲动，让超我占据主导地位，不被短期快感左右。

庞博出生在偏远的山区，交通不便，信息闭塞，生活条件颇为艰苦。可命运似乎并未打算就此放过他，在他尚还年幼的时候，父母便先后离世，只留下他与没什么文化的爷爷奶奶相依为命。

爷爷奶奶靠着那一亩三分地，还有平日里省吃俭用积攒下来的微薄收入，艰难地拉扯着庞博长大。在这样的成长环境下，庞博没有什么丰富的物质享受，更没有机会去接触那些新奇有趣的娱乐活动，很多时候，他只能独自面对生活中的点点滴滴。

小时候的庞博还不懂什么叫慎独，可当周围的小伙伴们都被一些即时的快乐所吸引时，比如为了争抢一个新玩具而哭闹，或是为了多吃一口零食而任性撒娇，庞博却能克制住内心那想要即刻满足的冲动。其实他也渴望能像其他孩子一样拥有更多好玩的、好吃的，但他知道家里的情况不允许，于是他选择了压抑这种原始的欲望。

当看到爷爷奶奶为了自己日夜操劳，他就会想着一定要通过自己的努力改变家庭的命运。放学后，别的孩子在外面嬉笑打闹，他就独自坐在简陋的屋子里，静静地看书学习，一点点积攒着力量，为自己的未来默默努力着。每次遇到困难，或者心中泛起一些羡慕别人生活更好的念头时，他都会进行深刻的自我剖析，克制那些不切实际的想法，明白唯有靠自己脚踏实地的努力，才能走出大山，改变现状。

无论外界如何变化，身边同学有的早早辍学去打工，有的被外面的花花世界所吸引,他都能维持内心决策的稳态,坚定地朝着求学之路走下去。

就这样,凭借着这份自觉践行的慎独,庞博一路披荆斩棘,最终考入了全国顶级高校,从那个偏远的山区走了出来,成为了众人眼中的优秀人才。

静,是谋略家蓄力的弓弦。在影视剧中,高手对决时,往往双方在最关键处停下动作,将自己置入落针可闻的境界,再蓄力一招定生死。

静,是一种对内心世界的深刻探索。王阳明在龙场驿丞任上,每日对石静坐,在极端孤寂中重构自我。他屏蔽杂音,深入内心,聆听真实需求。这让他在思想上实现了突破,产生了"心即理"的哲思。

独处时的静默,恰似打开了信号屏蔽器。张居正改革前隐居江陵三年,表面上看似远离政治中心,实则通过静默,避开了政敌的耳目,为未来的改革积蓄力量。这是一种战略布局,通过暂时的隐退,为未来的行动创造更有利的条件。

长平之战中,采用分割包围赵军的策略,以静制动,等待最佳进攻时机,最终以最小的代价取得胜利;司马懿在高平陵之变前装病十年,用静默麻痹曹爽,通过长时间的静默,让对手放松警惕,从而为自己争取到发动政变的最佳时机。

鸡蛋从内打破是新生。思,是刀刃向内的思想突围。苏轼被贬谪至黄州时,写下了"小舟从此逝,江海寄余生"的诗句,在绝境中用诗歌完成对皇权的软性反抗。德川家康曾用"杜鹃不啼"之喻来表达他的战略耐心。在独处中,德川家康预演了所有可能的情境,在复杂的政治斗争中始终保持主动。

"我们在春天与夏天要念着冬天的问题。"任正非在文章《华为的冬天》中说过这句话。在企业的顺境中不忘逆境的思考,不被眼前的成就和顺境所迷惑,始终保持对未来的清醒认识和对潜在风险的敏感度,主动思考潜在的危机和挑战,提前布局,为未来的不确定性做好准备,为华为在激烈的市场竞争中提供了强大的思想武器。

省,是人性解剖台的冷光,它能够穿透表象,直抵内心深处,对人性进行深刻的剖析。曾国藩在日记中记录"昨夜梦人得利,甚觉艳羡,醒后痛自劲责",绝非简单的道德表演。他在梦中对他人得利的艳羡,反映出潜意识中对财富和地位的渴望。醒来后的自我批评,是他对这种渴望的理性审视,是对自身欲望的克制和道德的坚守。

省,是谋略家对自我的复盘。武则天称帝前居感业寺,表面看似青灯古佛,实则是在暗中计算还俗的政治成本。她冷静地分析了政治形势,权衡了各种利弊,为日后的复出做好了充分的准备。

人们都深知暴风的猛烈,它呼啸而过时能摧毁诸多事物,令人胆寒。但鲜有人知,暴风眼最安全。没有呼啸的狂风,也没有肆虐的气流,像在混乱无序的世界里,独辟出了一方安宁的天地。这种暴风眼中的平静,不仅是自然现象的奇妙之处,更是谋略家在复杂局势中追求的战略稳态。

定,是暴风眼中的战略稳态。王阳明平定宁王之乱时,前线战报如雪片般飞来,局势瞬息万变,但他却坚持每日静坐悟道,维持决策的稳态,使他在复杂的军事行动中能够做出精准的决策,最终以少胜多。诸葛亮羽扇纶巾,实为在战场混乱中强化心理威慑,使对方在心理上先输一筹。

静能生慧,思可破局,省以迭代,定则制胜。从姜尚直钩垂钓到马斯克独居火箭工厂,当人群在信息洪流中随波逐流时,慎独者已在寂静处校准好时代的准星。

慎独的本质,无非是一场超我与本我的博弈。它并非儒家典籍中刻板的道德训诫,而是谋略家在无人之境锤炼的生存术。在独处中淬炼心智,在寂静中预演交锋。当世人将孤独视为弱点时,真正的智者早已参透,慎独才是掌控局面的暗门。

第三章　与谁同行

一、与高人同行

1. 高人的智慧

什么是高人？高人善于借势而行，以小博大，如同掌握杠杆哲学的智者，用最小的力气撬动最大的成果；在困境中，高人懂得隐忍待时，如沼泽中的巨鳄，静静蛰伏，等待最佳时机一击必中；面对复杂局势时，他们虚实相生，进退有度，仿佛在迷雾中舞剑，既能迷惑对手，又能精准出击；而当需要破局时，高人又能以降维打击的方式，从更高维度审视问题，用认知革命打破常规，开辟新径。高人之所以被称为高人，不仅在于他们的智慧和能力，更在于他们能在关键时刻，以超凡的冷静和决断力，化危为机，成就非凡。

"善战者无赫赫之功"的奥秘，在于对人性规律的精准把握。北宋名相赵普，常常深夜闭门研读《论语》。朝堂之上，局势错综复杂，各方势力盘根错节。赵普深知庙堂博弈的本质是利益分配的学问，通过对人性的深入剖析，精准地把握着每一位大臣的利益诉求和心理弱点，从而在关键时刻屡出奇谋，化解危机。

高人观世，往往通过市井商贩的讨价还价看穿经济规律，从宴席座次排列参透权力格局，将《鬼谷子》所言"反以观往，覆以验来"化为本能。明嘉靖年间，徐阶扳倒严嵩，表面是忠奸对决，实则是二十年隐忍中构建的利益瓦解网络。在这背后，是徐阶长达二十年的隐忍与布局。他深知严嵩势力庞大，根基深厚，贸然行动只会自取灭亡。于是，他选择了蛰伏，在暗中观察着严嵩集团的一举一动，逐步构建起一个利益瓦解网络。他利用严嵩集团内部的矛盾，分化瓦解其势力，同时巧妙地拉拢朝中其他势力，壮大自己的阵营。最终，在时机成熟之时，他一举出击，成功扳倒了严嵩，结束了这场长达数十年的政治斗争。

高人观世，往往懂得借势布局，有着四两拨千斤的能力。战国时期的张仪，在游说六国时，常常出入酒肆赌坊。这些看似不起眼的地方，却是他收集情报的重要场所。他善于倾听市井闲谈，将那些看似琐碎的信息，转化为外交谈判的有力筹码。某科技巨头创始人，在行业寒冬期，反向收购了三家濒临破产的芯片企业。这一决策看似冒险，实则是他看准了政策风向的微妙转变。他巧妙地借助政策的东风，为企业的发展开辟了新的道路。

高人布局，如同围棋国手，在看似无关处落子，却又暗藏重重玄机。特斯拉公开专利的举动，在当时引发了行业的震动，认为他是在自毁长城。而他的真正目的，是在铺设能源帝国的暗线。通过公开专利吸引更多的企业参与到电动汽车的研发和生产中来，从而推动了整个行业的发展。在这个过程中，特斯拉凭借其领先的技术和品牌优势，进一步巩固了自己在行业中的地位。正如《孙子兵法》"以迂为直"的深意，真正的战略家都擅长将对手的优势转化为其致命弱点。

隐忍待时，是高人必备的品质。楚汉相争时，萧何自污名节，故意败坏自己的名声。这看似愚蠢的行为，实则是他的自保之计。在刘邦多疑的性格下，萧何深知自己功高震主，随时可能招来杀身之祸。于是，他选择了自污，以降低刘邦的警惕。朱元璋麾下的刘伯温，在明朝建立后，选择了归隐田园。他深知"飞鸟尽，良弓藏；狡兔死，走狗烹"的道理，功成身退，得以保全自己。他们明白，在适当的时候示弱，并不是怯懦的表现，而是一种生存策略。当扎克伯格在国会听证会上刻意表现笨拙时，他实则是在为元宇宙战略争取缓冲期。这种钝感力，正是《道德经》中"大巧若拙"的现代演绎。

虚实相生，是高人在迷雾中的博弈艺术。三国时期，诸葛亮的空城计，成为了千古传颂的经典战例。面对司马懿的大军压境，诸葛亮在城中兵力空虚的情况下，大开城门，独自在城楼上抚琴。司马懿生性多疑，看到这一情景，以为城中设有埋伏，不敢贸然进城，最终退兵。北魏时期，崔浩用伪造星象图的方法，动摇了敌军的军心。高人制造迷雾的手段，往往遵循《战国策》中"疑中生疑，反间得间"的原则。某互联网新贵故意泄露"错误商业计划"，诱导对手在冗余赛道消耗资源，从而为自己的发展赢得了时间和空间。某国情报机构通过虚构的加密货币项目，成功扰乱了敌国的金融体系。

真正颠覆性的智慧，往往产生于规则之外。王阳明龙场悟道，打破了程朱理学的桎梏，开创了心学一派。他的思想对后世产生了深远的影响。达尔文环球航行，通过对大量生物现象的观察和研究，跳出了神创论的框架，提出了进化论。这一理论的提出，引发了科学界的一场革命。

在商业领域，这种认知跃迁的例子更是屡见不鲜。当诺基亚高管嘲笑初代 iPhone 不耐摔时，苹果已经用生态系统的维度碾压了传统的硬件思维。苹果通过构建一个完整的生态系统，将硬件、软件和服务有机地结合在一起，为用户提供了全新的体验。现代高人善于运用"范式转移"，如 SpaceX 用可回收火箭改写了航天经济学。他们不是在现有模式上进行优化，而是重构了游戏规则，为行业的发展开辟了新的道路。

高人之智，犹如淬火钢刀，锋利无比。它既有《罗织经》的锋芒，又需《盐铁论》的平衡。从吕不韦的奇货可居到巴菲特的价值投资，从范蠡的三散家财到索罗斯的狙击英镑，智慧的本质是认知套利的艺术。然而，真正的大成者，终须如张良功成身退，将谋略升华为道术。他们的智慧，如同北斗七星悬于夜空，可见其光，难测其轨。这才是跨越时空的终极智慧，值得我们不断去探索和领悟。

2. 你身边的高人决定了你是谁

在人生的漫漫征途中，我们常常渴望得到高人的指引。真正的高人绝非那些仅传授具体技能的平庸之辈，他们犹如隐匿于尘世的智者，以润物无声之势，重塑我们的思维坐标系。其影响力恰似强大的引力场，悄然扭曲周遭时空，使我们原本直线式的思考路径自然而然地发生转向。

曾有一位科技公司高管在访谈中透露，他的导师在长达二十年的时间里,反复向他抛出一个问题:"你对失败的定义是什么?"这看似简单的持续叩问,犹如一把锐利的手术刀,精准地剖析并瓦解了他对成功的单一的狭隘的认知。这种启迪,正是高人将《周易》中"穷则变,变则通"的古老智慧,转化为现代生存认知疫苗的生动体现。想象一下,当你在电梯中,偶然听闻某位前辈以云淡风轻之态说出"所有竞争皆为时间贴现率的博弈"时,刹那间,你人生中某个维度的无形天花板悄然崩裂,豁然开朗之感油然而生。

与高人共处,仿若置身于核反应堆的核心区域,我们是成为能使能量平稳释放的慢化剂,还是沦为阻挡能量传递的屏蔽层?高人的思想遵循着量子纠缠般的奇妙原理:当我们开始尝试用他们的视角去审视世界时,在做出某些决策的瞬间,那些"陌生而合理"的选项便会如灵光乍现般涌现。这种思维的转变,恰似《庄子》中庖丁解牛的至高境界,并非单纯地更换工具,而是对事物内在纹理与本质的深度重构与全新理解。

一位创业者曾坦言,自从定期与某战略学家一同晨跑后,他在商业决策上逐渐从单纯的"机会捕捉"模式,进阶为更宏观、系统的"生态位设计"模式。高人往往善于在看似平常的闲聊中,巧妙地埋下思维的钩索。例如，在某次饭局上，某院士将城市交通问题别出心裁地转化为"空间折叠的数学表达"，这一独特见解竟如同一把钥匙，瞬间打开了在场设计师被困三年的创作瓶颈之门。这种潜移默化的影响力虽无形无迹，却在悄然间主导着我们人生轨迹的走向。所处圈层的质量，在很大程度上决定了我们成长的速度，当你的微信置顶聊天对象，常常能给出那些一针见血、瞬间解构行业本质的深刻见解时，便意味着你的认知带宽已实现了质的代际跨越。

时钧泽刚踏入投行领域，每天面对堆积如山的资料，繁杂的金融数据，他感觉自己就像在黑暗中摸索，找不到方向。那些宏观经济理论，在实际工作中仿佛成了空中楼阁，看似高深，却难以落地运用。

某天午后，时钧泽像往常一样去茶水间接水，不想，首席经济学家林教授也在那里。时钧泽心里既紧张又激动，紧张是因为怕自己说错话，激动则是觉得这是个难得的机会。

周围同事们看到林教授，都在小声议论，讨论着该怎么和教授聊聊宏观经济形势，给教授留下个好印象。时钧泽却在心里琢磨，大家都聊一样的话题，教授肯定听腻了，而且对自己的困惑也没啥帮助。犹豫再三，他鼓起勇气走到林教授身边，轻声说道："林教授，您好！我是新来的时钧泽。我特别好奇，在您这么多年的职业生涯里，您觉得最大的认知浪费是什么呀？"

林教授听后，微微一愣，随即露出了笑容。他放下手中的咖啡杯，说道："这个问题有意思，很多人都只关注成功经验，却很少思考走过的弯路。对我来说，最大的认知浪费就是花了太多时间在一些看似重要，实则对核心目标没太大帮助的信息上。"

接着，林教授详细地给时钧泽讲起了自己早年的经历。

曾经，他为了一份研究报告，在海量的数据和资料里打转，追求面面俱到，却忽略了最关键的几个因素，导致报告虽然内容丰富，却没有切中要害。从那以后，他开始反思，逐渐总结出一套"认知节能学"。

林教授解释道："其实在金融领域，甚至在生活里，很多事情都符合二八定律。你投入20%的精力，找准关键的点，就能获取80%的关键信息。就拿分析一个投资项目来说，你不用把所有细节都研究透，而是要抓住核心竞争力、市场前景等关键因素。"

在林教授的指导下，时钧泽运用"认知节能学"，工作效率大幅提升。他不再盲目地陷入大量琐碎的工作中，而是学会了抓重点。曾经让他头疼的项目分析，现在也能轻松应对，迅速抓住核心要点。从那之后，时钧泽和林教授也建立起了深厚的师徒情谊。

辨识真正的高人并非易事，我们往往需要突破三重幻象。其一，切勿将知识储备的多寡，简单等同于智慧密度的高低；其二，不可被高人强大的气场震慑，从而忽视其思维体系中可能存在的细微漏洞；其三，应避免陷入高山仰止的盲目崇拜陷阱。

明代思想家吕坤在《呻吟语》中警示道："大聪明人，小事必朦胧。"真正的高人，常常在细微之处彰显其非凡智慧。某风投合伙人的鉴人秘诀，便是仔细观察对方谈论失败的方式——那些能够将重大挫折巧妙转化为认知坐标的人，通常具备真正的破局智慧。同时，我们也要警惕那些看似永远正确的完人，因为真正的高人，其思维系统必然会刻意保留一些开放接口，以接纳新的思想与观念。

靠近高人，虽能带来巨大的成长机遇，但也伴随着一定风险。最大的风险，一是可能沦为他人思维的附庸，失去独立思考的能力；二是可能因接收过多的信息与思想冲击，陷入认知过载的困境。王阳明曾告诫弟子："靠近高人，虽能带来巨大的成长机遇，但也伴随着一定风险。最大的风险,一是可能沦为他人思维的附庸,失去独立思考的能力;二是可能因接收过多的信息与思想冲击,陷入认知过载的困境。可见与高人相处,还需保持一种恰到好处的张力。"这意味着与高人相处,需保持一种恰到好处的张力。

有一位年轻学者,定期与学界泰斗展开辩论,他刻意保留30%与对方相左的观点,结果反而获得了更多的指导与启发。这一现象,恰好印证了《战国策》中"敬而不卑,亲而不密"的相处哲学。真正的智慧流动,往往就发生在不同思维激烈碰撞所产生的裂缝中。当你能够运用高人所传授的思维工具,去剖析解构其观点的局限性时,便意味着你已完成了真正意义上的认知跃迁。

人生的终极悖论在于,当我们受高人影响而获得重塑时,自身也在不知不觉中成为影响他人的环境变量。或许,真正的高人网络,恰似敦煌壁画中的飞天,是无数思维触须在广袤时空中相互交织、共振而形成的强大场域。追逐光,成为光。当有一天,你惊觉自己的只言片语,竟开始影响他人的人生选择时,便意味着你已成功完成了从被动接收思维能量的磁场受体,到主动辐射智慧光芒的辐射源的华丽蜕变——这,便是智慧传承最精妙的闭环。

3. 拓宽人生的边界

在生活中,我们往往囿于各种无形的边界。有的源于思维定式,有的来自经验的局限,还有的扎根于社会关系与既有规则的框架。真正卓越之人,总能突破这些边界,不断拓展人生的广度与深度,实现自我的超越与升华。

现代神经科学研究表明,人类大脑每日会产生大约六万个念头,令人惊讶的是,其中有98%与前一天重复。那些能够突破边界的人,往往善于敏锐地捕捉到那0.01%的异质思维。这就如同观察者效应,当我们开始用可能性的视角取代必然性的思维定式时,现实世界便会产生全新的发展路径。

边界的突破,始于对确定性的深刻反思与祛魅。海德格尔提出的

"向死而生"这一哲学命题,不仅揭示了人类存在的本质,更是为我们提供了认知跃迁的关键密钥。唯有勇敢地承认固有思维框架的局限性,我们才有可能触发思维,实现从旧有认知到全新思维范式的跨越。

传统的成长模型往往强调经验积累的线性价值,认为经验的增加必然带来能力与智慧的提升。真正的高手却不拘泥于此,他们致力于构建跨维度的经验网络,实现经验的增殖与升华,在未知维度培育共生体。

生物界中的地衣,为我们提供了深刻的启示。地衣并非简单的藻类与菌类的共生,更是一种高度适应环境变化的全新生命形式。藻类通过光合作用为真菌提供有机物,而真菌则为藻类提供水分和无机盐,这种互惠关系使得两者紧密相连,形成了一个固定的有机体。真菌在共生中扮演主导角色,其形态特征决定了地衣的外观,而藻类则被包裹在真菌体内,以获取适宜的生存环境。这种至少起源于4亿年前的共生关系具有高度的适应性和稳定性,对地球陆地生态系统的构建和演替起到了重要推动作用。地衣能够在极端环境中生存,如极地、高山和干旱地带,甚至在城市环境中也具有重要的生态功能,展现出惊人的生命力和抵抗力。

在人类的认知领域同样如此。将金融思维巧妙地注入艺术创作,用工程逻辑解构哲学命题,这种跨界融合并非简单的知识嫁接,而是在意识深处培育出了新的认知。当诗人学会阅读资产负债表时,其语言系统便自然生长出洞察商业本质的根系,这种思维的迁移,遵循着《周易》中"曲成万物"的法则,为文学创作带来了全新的视角与深度。

  意大利设计师斯坦法诺·博埃里是著名建筑设计所博埃里工作室的灵魂人物。2006年,一次看似平常的植树活动,却让他萌生了改变城市建筑格局的想法:"为什么不能将平铺的森林立起来,在寸土寸金的大城市里建造一个人与自然共同的家呢?"这个想法,成为了他设计"垂直森林"的最初灵感。

  在设计理念上,博埃里有着诸多美好的愿景。他希望这两座建筑能够降低城市交通污染，成为城市的天然净化器；同时，为当地居民遮挡地中海炽热的阳光，提供一片清凉的栖息之所；而且，随着季节的更迭，建筑外观能自然地发生变化，春天时绿意葱茏，仿佛是大自然的清新使者；秋天则五彩斑斓，宛如一幅绚丽的油画。

不仅如此，"垂直森林"的居民构成也十分独特，除了人类和植物，那些通常在米兰各个广场安家的鸟类、昆虫及小动物们也将在这里拥有新的家园，真正实现人与自然的和谐共生。

为了实现这一宏伟的设计，垂直森林采用民居与植物相结合的独特构造，沿着外墙体层层种下共730棵乔木、5000株灌木和1.1万株草本植物，这些绿植覆盖面积相当于1.1万平方米的绿色植被，为城市增添了一抹震撼的绿色风景。

在实施过程中，挑战接踵而至。浇灌系统的设计是一大难题，毕竟要保证如此多的植物茁壮成长，需要稳定且合理的水源供应。博埃里和他的团队经过反复研究，最终设计出一个使用回收水来维持树木生长的浇灌系统，既解决了水源问题，又体现了环保理念。同时，建筑物还利用风能与太阳能实现能源自给，进一步降低了对传统能源的依赖。

经过多年的精心筹备与建设，"垂直森林"终于在城市中傲然挺立。它的出现，迅速成为城市的新地标，吸引了全球的目光。人们惊叹于它的独特设计，更对博埃里的创新理念赞叹不已。"垂直森林"不仅为居民提供了舒适的居住环境，还为城市生态系统注入了新的活力，也为未来的建筑设计开辟了一条崭新的道路。

当你的微信好友列表中出现彼此完全无法对话的群体时，这意味着你已经开始打破原有的社交边界，真正的边界拓展才刚刚拉开帷幕。社交边界的拓展，并非仅仅取决于接触人数的多寡，更在于引发认知裂变。现代社交网络分析揭示了一个有趣的现象：弱关系所带来的信息增量，是强关系的 23 倍。然而，真正能够改变命运的，往往是那些处于"结构洞"位置的联接者。

与传统的人脉经营方式不同，高阶玩家擅长培育"思维媒介型关系"。他们能够巧妙地将数学家与当代艺术家置于同一对话场域，让不同领域的思想相互碰撞；也能让传统工匠与 AI 工程师产生认知共振，实现知识与经验的互补。这种关系在于制造跨维度的信息压差，所有的系统，无论是社会系统、组织系统还是思维系统，都存在着自我保护机制。

即使只是观察病毒入侵细胞的过程，也可以从中汲取智慧。病毒既不采取正面突破细胞膜的强攻策略，也不完全服从宿主细胞的规则，而是利用伪装蛋白开启特定的通道，实现对细胞的入侵与改造。在人类社会的创新实践中，也有类似的案例。某创新团队利用区块链技术，将建筑合同转化为智能合约，既巧妙地规避了传统审批流程的烦琐与低效，又重构了行业的信用体系，以巧妙的策略突破既有规则的束缚。当跨国企业还在争论远程办公效率时，前沿组织已通过数字游民模式重构了生产力，打破了传统的工作模式与地域限制。

在卡夫卡的《变形记》里，主人公一觉醒来变成了甲虫，这故事背后反映的是现代人在社会里被异化，失去自我的困境。它还暗示了我们要突破自己思维的局限，就得经历一个像"把自己当成外人"的阶段。也就是说，不把自己只当成一个普通的人，而是从旁观者的角度，去看自己做决定的过程，就好像站在上帝视角一样，能摆脱我们天生的思维局限，看得更全面。

这种从更高层面去认识自己思维的能力，让人类有机会去优化自己思考问题的方式。就像有个修禅的人，通过不断地进行内心观察训练，能更清楚地知道自己为什么会这么想，哪里想得对，哪里想得不对，把自己的思维梳理得更清晰。

这就和博尔赫斯《环形废墟》里的故事一样，那个造梦者以为自己在创造世界，最后却发现自己可能也是别人梦里的角色。当我们也开始怀疑自己的想法是不是受别人影响，自己到底是不是真正独立思考的时候，我们就开始反思自己的思维，这才是真正迈向思想自由的第一步，从此我们能更自由地探索各种想法，不再被原来的思维框住。

从太平洋底部热泉口附近独特的管虫群落，到如今脑机接口技术带来的奇妙神经漫游体验，这些都在告诉我们，边界的拓展其实就是生命不断进化、持续改变形态的过程。就像达芬奇的手稿里，飞行器的设计图和人体解剖图放在一起，这可不是随意为之，它预示了一个深刻的道理：不管是哪个领域，当取得最终极的突破时，都会回到对人性的再次思考和重新解读上。

我们人生真正的价值，不是一直维持着一种固定的样子，而是当我们去观察这个世界的时候，始终能保持那种好奇和震撼的感觉。这种感觉很奇妙，就像是当我们打破了自己内心的边界，我们的灵魂就能和宇宙产生一种奇妙的共鸣。

在我们不断努力拓宽人生边界的过程中，我们也在一次又一次地重新认识自己。我们会发现自己的潜力远超想象，也会对世界有更深的理解。慢慢地，我们就能和宇宙实现深度的融合，相互影响，共同发展，找到自己在这个宏大世界里独一无二的位置和价值。

4. 突破认知局限

人类思维常常像一副镜片，在帮助我们认识世界的同时，也不可避免地对真相产生了扭曲。就拿北宋时期王安石变法来说，他提出"天变不足畏，祖宗不足法"，这在当时可是一个大胆的宣言。在那个传统观念根深蒂固的时代，人们普遍畏惧上天的变化，严格遵循祖宗留下来的规矩。王安石却敢于打破这种常规认知，对传统的认知框架进行了系统性的拆解。他认为不能被以往的观念和做法束缚，要根据实际情况进行变革。这就好比在一个满是陈旧家具的房间里，他毅然决定重新布局，甚至扔掉一些看似珍贵却早已不实用的东西。

知识的诅咒是指当一个人掌握了某些知识后，很难想象自己没有这些知识时的状态，从而难以理解那些缺乏这些知识的人的思维方式和行为。这种现象导致人们在沟通和决策时，往往高估他人对信息的理解程度，进而产生误解或沟通障碍。例如，一个专家在讲解复杂概念时，可能会因为忘记听众的背景知识而难以理解，从而无法有效传递信息。

因此，在当代管理领域，都会有"新手效应"的说法。刚转行进入新行业的跨界者，往往能够比资深专家更快地发现行业中的盲点。这是因为资深专家长期在一个领域深耕，思维容易被固定的经验所限制，而新手则没有这些束缚，能够以全新的视角去看待问题。

真正的突破有时候需要我们适度清空经验仓库，放下固有的思维定式，才能接纳新的观念和方法。比如，有一位传统制造企业的高管，他跨界学习戏剧表演。在这个过程中，他发现戏剧表演中的团队协作、角色配合等元素，与企业供应链协同有着相似之处。他从中悟出了供应链协同的新模式，这种思维的跃迁并不是要否定过去的经验，而是把经验转化为可以拆卸重组的知识模块，重新组合出更有价值的内容。

不同的语言文化背景，会让人们对世界的认知产生差异。就像因纽特人生活在冰雪环境中，他们对雪的感知和分类多达32种，这远远超过了普通人的感知维度。在我们看来，雪就是雪，但在因纽特人的语言和认知里，不同形态、不同质地的雪都有着不同的含义和用途。古希腊哲学家的辩论术就暗藏着对语言和概念的巧妙运用。他们通过重新定义"正义""美德"等概念的边界，来改变整个思维战场的格局。比如，对于正义的定义，不同的哲学家有不同的看法，他们通过辩论来阐述自己的观点，从而引导人们对这个概念有更深入的思考。现代人想要突破认知局限，也可以借鉴禅宗的"话头"修行法。当我们连续追问"什么是创新"七层甚至更多的时候，一开始我们可能会用一些常见的概念和定义来回答，但随着追问的深入，这些表层概念会逐渐崩解，在这个过程中，往往会浮现出全新的认知图景。

章许意所在的团队一直致力于智能电子产品的研发，在一次新产品的研发过程中遇到了瓶颈。他们设计的产品虽然技术先进,但始终感觉缺乏市场竞争力,无法精准满足用户的需求。

就在大家一筹莫展之时,公司提出了一个看似有些奇特的要求——让研发人员用儿童语言重述技术方案。起初,章许意对此十分困惑,在他看来,技术方案是严谨而专业的,和儿童语言似乎毫无关联。但他还是决定尝试一下,毕竟目前的困境需要一些新的思路。

章许意开始了艰难的转换过程。他仔细研究产品的各项功能,将那些复杂的技术原理和专业术语一一拆解。比如,原本描述产品核心芯片性能的专业表述,他要转化成简单易懂的话语。他想到孩子们喜欢听故事,就把芯片比作一个超级大脑,这个大脑能够快速地处理各种信息,让产品变得又聪明又灵敏。对于产品的操作流程,他也进行了重新梳理。以往那些专业的操作步骤,被他转化成了一个个有趣的小任务,就像孩子们玩游戏时完成的关卡一样。

在这个过程中,章许意不断地与团队成员交流讨论。大家一起出谋划策,把产品的每个细节都用儿童语言重新包装。他们发现,当用这种简单直接的方式去描述产品时,许多之前被忽略的问题逐渐浮现出来。比如,产品的某个功能虽然技术含量很高,但用儿童语言表述后,大家发现操作过于复杂,普通用户很难理解和使用。这让他们意识到,这个功能可能需要重新设计,以满足用户更便捷的需求。

经过一段时间的努力,章许意和团队终于完成了用儿童语言重述的技术方案。而这个看似简单的降维表达,却带来了意想不到的效果。他们从最基本的用户需求和体验出发,重新审视产品的设计。不再被那些专业术语和传统的设计思路所束缚,思维变得更加开阔。

基于这个全新的方案,章许意和团队开始了产品的改进工作。他们简化了操作流程，让产品更加易于上手；优化了界面设计，使其更加简洁直观。最终，一款全新的智能电子产品诞生了。

这款产品一经推出，就在市场上引起了轰动。它以其简洁易用的特点，迅速吸引了大量用户。无论是年轻人还是老年人，都能轻松地使用这款产品。而且，产品的创新性设计也获得了行业内的高度认可，成为公司的明星产品。

站在雨林生态系统的高度来看，藤蔓与乔木的竞争，本质上是一场光能捕获的效率革命。藤蔓为了获取更多的阳光，会缠绕着乔木生长，它们在竞争中不断进化自己的生存策略。这种视角的迁移告诉我们，突破认知局限需要建立跨层级的观察站位。我们不能总是局限在自己熟悉的层面去看待问题，要尝试从更高或更广泛的角度去观察和思考。

明代王阳明格竹七日，他试图通过观察竹子来领悟天理，虽然表面上看他求理失败了，但从更深层次来看，这其实是他突破程朱理学认知维度的必要铺垫。他不再满足于传统的认知方式，开始探索一种新的认识世界的方法，最终创立了心学。

当代顶尖棋手在训练时，不仅仅专注于棋盘上的技巧，还会研读兵法与心理学。兵法中的战略战术可以帮助他们在棋局中制定更宏观的策略，心理学则能让他们更好地理解对手的心理。他们通过这种方式，构建了一个超越棋盘的元认知系统。当管理者开始用演化生物学视角分析组织变革，把组织看作一个不断进化的生命体，根据环境的变化进行调整和适应；当教师以游戏引擎思维设计课程，让课程变得更加有趣和互动性强，我们会发现，认知的维度就像升级打怪一样，获得了升阶式的拓展。

要突破这种局限，我们可以像文艺复兴时期的达芬奇学习。达芬奇不仅潜心研究人体解剖，探索人体的奥秘，同时还对飞行器展开研究。他让医学和工程学这两个看似不相关的领域在自己的思维中自由交融。这种跨领域的思考方式，让他在艺术和科学领域都取得了非凡的成就。

如今，当企业家开始用生态学视角审视商业竞争，把企业看作生态系统中的一部分，而不是孤立的个体；当程序员以诗歌韵律优化代码结构，为枯燥的代码注入别样的美感和逻辑时，我们会发现，认知的边界就像冰雪遇到暖阳一样，开始慢慢融化。

5. 经验是人生的馈赠

巷口的修鞋匠王伯，三十年如一日地修补鞋底，累计补过万双之多。这份漫长岁月里的坚守，让他收获了一份意外的惊喜——通过鞋印磨损数据预测社区经济波动。他发现，老人常客鞋跟磨损趋缓，这背后暗示着退休金紧缩；而年轻顾客鞋尖折痕加深，则反映出通勤压力增大。王伯手中的修鞋工具，就像是一把开启社区民生密码的钥匙，他所掌握的"民生晴雨表"，正是岁月沉淀赋予的直觉洞察。

菜场鱼贩张婶的绝活不在于挑鱼的技巧，而在于读懂顾客的犹豫瞬间。当顾客手指在鲈鱼与鲫鱼间徘徊第三下时，张婶递上刮鳞刀的动作，能使成交率大大提升。这种基于大量实践和观察所形成的经验，就如同绍兴黄酒在陶坛中的陈化过程，经验的价值不在于最初的原料贵贱，而在于时光的洗礼和沉淀所带来的分子重组，是书本知识难以比拟的。

经验并非单纯的记忆累积，而是认知主体与客观世界相互作用的动态产物。现象学大师胡塞尔所提出的"生活世界"理论，深刻地揭示了经验的双向建构性。

经验不仅受环境因素的塑造，同时也反向重构认知框架。以生活在海边的个体为例，海洋的潮起潮落、海风的吹拂、海浪的拍打等环境要素，塑造了其对海洋的经验认知；而这种经验又会影响其看待海洋的视角，进而形成独特的海洋认知框架，此后在面对与海洋相关的事物时，其思维与判断均会受到该框架的影响。

真正具有价值的经验，在于其可转化性。例如，老渔夫凭借长期对潮汐的观测，将海量的潮汐变化数据内化为一种思维模型。尽管他或许无法阐述其中的科学原理，但凭借这一内化模型，能够精准判断潮汐，这便是经验转化的体现。再如家庭主妇在烹饪过程中，对火候的精准掌控是对模糊逻辑的实践运用。不同的菜品与烹饪方式对火候的要求各异，家庭主妇在长期实践中，通过不断尝试与总结，依据食材种类、数量及烹饪方式调整火候，将日常烹饪经验转化为实用技能。

长江，这条承载着华夏千年文明与历史记忆的母亲河，见证了无数人的来来往往，也孕育了无数的故事。陈叔，便是在长江边长大的一代人。

三十年前，陈叔作为长江摆渡人，每日在江面上穿梭。在那些没有桥梁的日子里，他的渡船是两岸居民沟通往来的重要通道，也是他们生活的一部分。无论是清晨去对岸集市售卖新鲜蔬菜的农民，还是外出求学的莘莘学子，抑或是为生计奔波的旅人，都曾乘坐过陈叔的渡船。江里的每一处暗礁，每一道水流的走向，陈叔都能凭借着日积月累的经验轻松避开。

然而，桥梁通车后，陈叔的摆渡生涯戛然而止。他又凭借着对这片土地和过往生活的热爱，转行成为了渡口故事收集者，用自己的方式留住那些即将消逝在岁月长河中的记忆。

　　陈叔开始四处走访，寻找那些曾经在渡口留下足迹的渡客。他耐心地倾听他们讲述自己的故事，那些或平凡或传奇的人生经历，都被陈叔一一记录下来。有的渡客讲述着自己为了改变命运，背井离乡外出打拼的艰辛；有的回忆着在渡口与亲人分别时的不舍与牵挂；还有的分享着在渡船上结识的挚友，那些真挚的情谊。

　　陈叔将这些故事整理成册，并用自己并不娴熟的笔触，手绘了一本《江语图》。在这本图册里，每一页都记录着一位渡客的人生碎片，配上陈叔简单却生动的插画，让这些故事变得更加鲜活。例如，有一位老人回忆自己年轻时在渡口送别恋人，多年后重逢却已物是人非的故事，陈叔就画了一幅渡口夕阳下，两人遥遥相望的画面，画面中的余晖仿佛也在诉说着那段难忘的岁月。

　　陈叔的行为，不仅仅是对自己过去生活的怀念，更是对地方文化和历史的一种传承。长江渡口，作为一个特殊的地理空间，承载着当地居民的生活轨迹、情感纽带和文化传承。陈叔的《江语图》让那些曾经发生在渡口的故事，在新的时代背景下得以继续流传，成为了人们了解过去、感受历史的珍贵资料，让年轻一代能够知晓先辈们的生活，感受那段独特的岁月。无论是本地居民，还是前来游览的游客，在翻阅《江语图》时，都能被那些充满烟火气的故事所打动，仿佛穿越时空，回到了那个充满故事的渡口时代。

　　经验的价值不仅体现在个体的技能提升和知识积累上，还体现在它对文化传承和社会发展的推动作用。传承方式多种多样，其中非文本传承在许多传统技艺和行业中发挥着重要作用。景德镇陶工世家将釉料配方编成童谣，让孩童在嬉戏间记住火候秘诀；印度纱丽织工把经纬密度转化为神庙壁画中的神像间距，使复杂的工艺知识以一种独特的方式得以传承。这些非文本的传承方式，使经验在代际传递中保持活性，避免了因文字记录的局限而导致的信息丢失或误解。

若要充分发挥经验的价值，先要认识到经验是可分析、可拆解的，不能仅仅停留在感性层面。以销售人员为例，在长期的销售工作中，与不同客户沟通会产生不同的体验，有些客户沟通顺畅、交易易于达成，而有些则较为困难。此时，销售人员不应简单归结于运气或客户的问题，而是应当深入剖析这些经验。分析沟通顺畅的客户的共同特征，以及自身当时的沟通策略，同时思考沟通困难的客户所存在的问题及应对方式的不足。通过这种分析，将感性认识升华为可迁移的思维模型，以便在后续的销售工作中，面对类似客户时能够运用该模型，提升销售成效。

经验往往具有自我强化的倾向，一旦我们在某个领域取得成功，就容易过度依赖这些经验，从而形成认知茧房，让我们陷入固定的思维模式，忽视外界的变化和新的可能性。这种自我强化的经验不仅会限制我们的视野，还可能导致我们在面对新的挑战时，无法灵活调整策略。因此，要打破这种局限，我们需要定期清空缓存，重新审视和更新自己的知识体系。通过学习新的知识、接触不同的观点和文化，我们可以拓宽视野，打破固有的思维框架，从而避免陷入认知茧房的困境。

我们还可以通过将成功经验反向拆解为失败要素来避免经验的自我强化。这种方法的核心在于，从成功的经验中寻找潜在的弱点和不足，从而为未来的改进提供方向。反向拆解的过程能够帮助我们从成功中发现潜在的风险，从而提前做好应对措施。同时，它也能激发我们对现有经验的批判性思考，促使我们不断探索新的方法和策略。通过这种方式，我们可以将经验转化为创新的动力，而不是让它成为限制我们发展的枷锁。

审视尼采的永恒轮回观点，经验的最大价值在于它有着无穷无尽的重构潜力。生活中的每一段经历，每一个细微的片段，都如同炼金术的原料，蕴含着被转化和升华的可能。对经验进行提炼与革新，从过往经历中汲取精华，不断突破旧有的认知局限，让经验在反复的加工与重塑中，释放出无尽的能量，推动自己在认知和精神层面持续进化。

二、与智者同行

1. 智者与普通人最大的区别

在人类的认知和行为范畴中,智者与普通人的差异犹如天堑,这种差异根源在于他们对世界的理解、应对方式以及自我认知的不同维度。

普通人看待世界,常如审视一幅平面图,只关注眼前的表象与直观路径,在复杂的信息迷雾中,仅凭表面现象摸索前行。而智者却如同拥有一双透视的慧眼,能够将世界折叠成三维星图,不局限于表面的观察,而是深入探寻事物内在的结构与联系,发现通往本质的捷径。

古希腊哲人第欧根尼，在光天化日下打着灯笼寻找诚实的人，这一行为看似荒诞不经，实则是一场深刻的认知实验。他以这种极端的方式，制造出一面荒诞的反光镜，映照出雅典社会虚伪的本质。他不满足于社会呈现的虚假繁荣与表面和谐，而是通过这种独特的视角，深入挖掘人性与社会的真实面貌。这种思维模式，与中国山水画中的"散点透视"异曲同工。散点透视不拘泥于单一视角，画家可以根据自己的理解和表达需求，灵活地安排画面元素，构建出一个动态的、多维度的认知框架。智者亦是如此，当普通人还在为具体事件的对错争论不休时，智者已经将目光投向了对错产生的土壤，思考问题背后的深层原因和背景，这种升维思考能力赋予他们穿透时空的洞察力，使他们能够站在更高的维度俯瞰世界，把握事物发展的趋势。

智者擅长在当下植入未来思维的锚点，提前布局，为未来的发展做好准备。《淮南子》中"见微知著"说的便是普通人只能看到眼前的波浪，关注短期的变化；而智者却能观测潮汐，洞察时间长河中隐藏的趋势和规律，提前规划，把握机遇。

可见，在时间的长河中，普通人如同随波逐流的船只，顺着时间的流向被动前行，只能看到眼前的波浪，被当下的环境和事件所左右。而智者却掌握了逆流而上的划桨术，他们不被时间的洪流裹挟，而是主动驾驭时间，具备前瞻性的思维。

耿原曾是一家玩具厂的老板，订单源源不断，在当地小有名气。随着经济危机的到来，原材料价格飞涨，市场需求急剧萎缩，订单大量减少，玩具厂的资金链断裂，工厂陷入了停产的边缘，耿原也因此背负了巨额债务。

在消沉了一段时间后，他开始反思自己的经营模式，因为他相信危中一定隐藏着机。于是，他一头扎进了对经济危机的研究中，每天查阅大量的书籍、资料，研究不同时期、不同地区经济危机的成因。他发现，经济危机往往是由多种因素交织引发的，如市场供需失衡、金融泡沫破裂、政策调整等。在研究危机发展过程时，他了解到危机通常会经历爆发、扩散、低谷等阶段，每个阶段都有其独特的特征和影响。而对于危机后的复苏规律，他也进行了深入剖析，发现行业复苏往往伴随着新技术的出现、消费需求的转变以及政策的扶持。

在长达三年的时间里，耿原过着近乎苦行僧般的生活。他推掉了所有不必要的社交活动，全身心投入研究中。他不仅研究理论知识，还积极与行业内的专家、学者交流，向他们请教问题。同时，他也密切关注着市场动态，分析消费者的需求变化。

功夫不负有心人，经过多年的蛰伏与等待，耿原终于精准地捕捉到了行业复苏的拐点。随着经济的逐渐回暖，消费者对玩具的需求开始回升，但需求的方向发生了变化。家长们更加注重玩具的教育性和安全性。耿原凭借着对市场趋势的准确判断，迅速调整了玩具厂的生产方向。他加大了对益智类玩具的研发投入，采用环保、安全的材料，设计出了一系列既有趣又能开发孩子智力的玩具。

在耿原的努力下，玩具厂逐渐恢复了生机。订单如雪片般飞来，工厂重新运转起来，不仅还清了之前的债务，还实现了盈利，再一次成为行业内的佼佼者。

敦煌莫高窟的画工，在荒漠的孤寂与艰苦环境中，忍受着生理和心理的双重痛苦。但他们没有被痛苦压垮，而是将内心的痛苦升华为对艺术的执着追求，创造出了令人叹为观止的飞天艺术形象。这些飞天壁画不仅是艺术的瑰宝，更是痛苦转化为精神力量的见证。智者在面对挫折时，思维方式与普通人截然不同。尼采提出的"杀不死我的使我更强大"，深刻地阐述了痛苦转化的元程序。

现代神经科学研究亦发现，智者在遭遇挫折时，前额叶皮层的活跃度比常人高37%。前额叶皮层负责高级认知功能，如决策、情绪调节和自我控制等。这表明智者通过长期的思维训练，能够更好地应对挫折，重构痛苦的意义，将痛苦视为成长和进步的契机，从而实现认知的升级。

对于痛苦，普通人往往将其视为需要尽快消除的异物，一旦遭遇痛苦，便急于摆脱，陷入消极的情绪和应对方式中。而智者则将痛苦视为认知升级的编译工具，把痛苦转化为成长的阶梯。

在生活中，普通人总是在确定性中寻找安全感，追求稳定和可预测的环境，对不确定性充满恐惧和回避。而智者却与不确定性缔结共生契约，将不确定性视为孕育可能性的母体，善于从中发现机遇。

战国时期的商人白圭提出"人弃我取"的经商哲学，在众人都抛弃、回避某些事物时，他却敏锐地看到其中的潜在价值，主动选择这些被忽视的领域进行投资和经营。这种策略的本质是对不确定性的驯化，通过逆向思维，在不确定性中寻找确定性的收益。在当代，这种现象衍化出了更精密的形态。

黑天鹅事件是指那些难以预测、具有重大影响力的小概率事件，顶尖投资者专门通过配置这类"黑天鹅基金"，在不确定性中寻找高回报的机会。正如道家"反者道之动"的智慧，事物的发展往往是在否定之否定中前进的。智者深谙这一规律，当普通人忙于修建认知防波堤，试图阻挡不确定性的冲击时，智者已经在风暴眼中培育新物种，勇敢地拥抱变化，在不确定性中创造价值。

苏格拉底曾说"我唯一知道的就是我一无所知"，老子也主张"知不知，上"。智者与众不同，其终极秘密在于他们能够清醒地认识到自身的局限。普通人在知识的海洋里，努力寻找那些确定无疑的答案，想要抓住绝对的真理时，智者却驾驶着怀疑主义的航船，大胆地驶向未知的领域。他们不满足于现有的认知，敢于质疑一切，不断探索新的可能性。

这并不是因为智者比普通人智商更高，而是他们拥有截然不同的思维系统。真正的智慧，并非是要做到全知全能，而是要有勇气和决心，永不停歇地打破认知的束缚。哪怕心里明白，打破旧的认知蛋壳后，可能又会进入一个更大的未知牢笼，但依然坚定地选择前行，不断拓宽自己的认知边界。

2. 智者如何解决复杂问题

智者在面对复杂问题时，展现出了与常人截然不同的思维方式和处理策略。这些特质帮助他们找到解决问题的最优路径。

智者就像同时拥有显微镜和望远镜的观测者，能够灵活切换视角。面对微观矛盾时，他们调用宏观视野，从大局出发，把握事物的整体走向；面临宏大命题时，又能迅速切入具体细节，深入分析问题的关键所在。他们能够建立可伸缩的思维标尺，构建动态的认知坐标。

明代张居正改革漕运时，不仅绘制全国河道图谱，从宏观层面了解漕运的整体布局和路线规划，还深入研究纤夫饮食热量消耗，关注到具体执行环节中的细微之处。这种全面而细致的思考方式，使得他的改革方案既具备高瞻远瞩的战略性，又能在实际操作中顺利落地。

在现代，决策高手常把问题放大十倍或缩小十倍进行观察。比如在制定企业发展战略时，将市场规模放大十倍去思考，能帮助决策者突破当前市场局限，预见未来的发展趋势；而把问题缩小十倍，聚焦到具体的产品细节或客户需求，又能避免陷入不切实际的空想，确保方案的可行性。智者的认知系统如同中国古建筑的斗拱结构，看似简单却蕴含着巨大的智慧，具备承载不确定性的弹性空间，能够适应各种复杂多变的情况。

普通人习惯沿着因果链顺藤摸瓜，从已知的原因去推导结果。而智者却反其道而行之，他们能够从想要达成的结果出发，反向编织因果网络。战国时期的吕不韦投资子楚，这看似是一场充满风险的政治豪赌，但实际上，吕不韦有着更深层次的谋划。他将人脉、信息、资源等要素巧妙地编织在一起，形成了一个可操控的因果网。他通过扶持子楚，积累了政治资本，进而实现了自己在政治舞台上的崛起。智者深知《鬼谷子》中"反以知彼，覆以知己"的道理，他们解决问题的方式就像破解魔方，有时候转动对立面，从意想不到的角度入手，反而比正面突破更能迅速有效地解决问题。

而复杂问题本质上是动态系统的涌现现象，不能孤立地看待和解决。智者处理此类问题时，如同生态学家修复雨林，他们不会直接干预单一物种，而是注重调整阳光、土壤、水分等要素之间的交互关系，从整体上营造一个有利于生态平衡和发展的环境。北宋沈括治理黄河水患时，就充分体现了这种问题生态观。他不仅考察水文地质等自然因素，还深入研究沿岸民生经济等社会因素，综合考虑各种因素之间的相互影响。最终，他形成了"以工代赈、疏堵相济"的系统方案，既解决了黄河水患问题，又促进了当地的经济发展和社会稳定。

当面对市场突变时，顶尖操盘手会同时调整组织结构、供应链节奏、品牌叙事等多个方面。通过改变这些系统参数，引发企业整体的质变，从而适应市场的变化，强调在问题尚未完全显现或固化之前，就通过调整系统的生态位来预防和解决问题。

真正的智者深谙有序的混乱，也善于制造可控混乱。文艺复兴时期，美第奇家族资助不同领域的学者进行碰撞交流。在这个过程中，不同学科的思想相互交融，意外催生了跨学科创新。例如，艺术家从数学家的几何原理中获得灵感，创作出更具立体感和空间感的作品；科学家从艺术家对自然的细腻观察中，得到新的研究思路。如今，生物学家提供关于生命现象的知识,化学家研究药物的合成和性质,AI专家则利用数据分析和算法优化研发过程。这种跨学科的合作加速了抗癌药物的突破。如同道家所说的"混沌生太极",在严密的逻辑体系中保留适当的缺口,能够让非常规思维得以渗透生长,从而激发创新、融合和突破。

  智度科技凭借其前沿的技术和创新的产品,在市场上占据了一席之地。然而一次突如其来的专利诉讼,将智度科技卷入了一场法律纠纷中。

  一家行业内的老牌企业,以专利侵权为由,将智度科技告上法庭。这不仅要耗费大量的时间、精力和资金进行漫长的法律抗辩,还可能面临败诉的风险,一旦败诉,公司的声誉将受到严重损害,市场份额也可能大幅缩水。

  智度管理层迅速组建了一个由法务、市场、战略等多领域专家组成的危机应对小组,共同商讨解决方案。在多次激烈的讨论中,一位年轻的战略分析师提出了一个大胆的逆向思维方案:反向收购原告企业的上游供应商。这个提议起初让不少人感到惊讶,因为按照常规思维,应对专利诉讼应该是在法律层面进行辩护。

  然而经过深入的分析和研究,这个方案的可行性逐渐显现出来。原告企业的上游供应商掌握着核心零部件的供应渠道,并且在行业内拥有独特的技术和资源。如果智度科技能够成功收购这家供应商,不仅可以切断原告企业的部分供应来源,增加其诉讼的成本和压力,还能将供应商的技术和资源整合到自己的产业链中,实现产业升级和扩张。

  于是,他们一面在法律层面积极准备抗辩材料,摆出坚决捍卫自身权益的姿态,一面秘密展开对原告企业上游供应商的收购谈判。经过谈判团队几个月的艰苦谈判,智度科技终于成功收购了原告企业的上游供应商。这一消息传出后,整个行业为之震惊。原告企业在得知这一情况后,意识到继续诉讼不仅难以取得预期效果,还可能因供应渠道的不稳定而陷入更大的困境,最终主动提出和解。

智度科技不仅成功化解了专利诉讼危机,还借此机会对自身的产业链进行了深度整合。他们将供应商的先进技术应用到产品研发中,推出了一系列更具竞争力的新产品。同时,通过优化供应链管理,降低了生产成本,提高了生产效率。在市场上,智度科技的品牌影响力进一步提升,客户对其产品的认可度也大幅提高。

真正的智者在解决问题时,有着不同寻常的思维方式,其境界大致可分为三个阶段。起初,他们如同庖丁解牛一般,凭借精湛的技艺,对问题的各个细节了如指掌。庖丁能熟练地拆解牛体,是因为他对牛的骨骼和肌肉结构十分熟悉,所以游刃有余。智者在面对问题时,也会深入分析,将复杂的问题拆解成一个个小部分,找到其中的关键所在,以巧妙的方法解决。

随着境界提升,智者会像大禹治水那样顺势而为。大禹治水时,没有一味地堵截洪水,而是根据水的流动规律,疏通河道,让洪水顺利流入大海。智者在解决问题时,也懂得顺应事物发展的趋势,不强行对抗。比如诸葛亮草船借箭,他没有直接去制造大量的箭,而是利用大雾天气和曹操多疑的性格,巧妙地"借"到了曹军的箭。他顺应当时的局势,巧妙地化解了缺箭的难题。

到了最高境界,智者能达到庄周梦蝶般的物我两忘。此时,他们不再将自己和问题对立起来,而是与问题融为一体,从更高的维度去看待问题。智者明白,所有复杂问题其实都是通向新认知维度的通道,解决问题的本质不是战胜问题,而是与世界达成更高层次的和解,让问题在新的认知和理解中自然化解。

3. 与智者建立良好的关系

与智者相交是一种难得的机遇，能为我们带来巨大的成长与启发，其本质在于构建同频，形成认知共振的引力场。而普通人常常陷入知识崇拜的误区，单纯羡慕智者丰富的知识储备，孰不知智者真正在意的是彼此之间思想碰撞的可能性。就像北宋时期，程颢初次见到周敦颐，他没有遵循传统的弟子之礼，而是与周敦颐一同深入研讨太极图说。这种平等的交流姿态，打破了常规的师徒关系模式，反而开启了千年理学传承的新局面。

当对话双方脑电波频率趋同时，信息传递效率会大幅提升。这就好比两台收音机，只有调到相同的频率，才能清晰地接收信号。只有在思维的碰撞中产生共鸣，双方才能实现真正的思想交流和共同成长。真正的心灵联结，起始于对思考过程的共鸣，而非仅仅对结论的盲目尊崇。

智者的关系网络也遵循着一种能量守恒，表面上看似无形，实则存在着一套精密的价值计量体系，我们可以将其理解为培育隐性价值交换系统。回溯战国时期，信陵君门客众多，号称三千。在这些门客中，唯有侯嬴能够敏锐地指出信陵君在窃符救赵这一决策中的盲区。侯嬴的这种直谏，其价值远远超过了千金的馈赠。

  投资高手苏某凭借着敏锐的市场洞察力和果断的决策，在多次投资浪潮中斩获颇丰，在业内声名远扬。他组建了一个精英汇聚的私人智囊团，团队成员不乏金融界的资深分析师、经验丰富的投资顾问。

  有一年，全球经济形势动荡，市场陷入混乱，传统的投资策略屡屡碰壁，以往那些基于历史数据和市场规律的投资决策，在这次的市场波动中效果不佳，投资回报率持续下滑。

  就在众人焦头烂额之际，智囊团中小陈站了出来。小陈虽然没有丰富的投资实战经验，但他深厚的哲学素养让他拥有独特的思维方式。他提出了"反脆弱"投资理念，认为市场就像一个复杂的生态系统，充满了不确定性，与其试图预测和对抗这些不确定性，不如让投资组合具备"反脆弱"的能力，即在不确定性中不仅能保持稳定，还能从中受益。

他建议苏某调整投资策略，不要把所有的资金都集中在看似稳定的传统行业，而是分散投资到一些具有创新潜力和高风险高回报的新兴领域。同时，对于现有的投资项目，要注重构建灵活的风险对冲机制，以应对市场的突发变化。

苏某开始将一部分资金投入人工智能、新能源等新兴产业。这些领域虽然充满不确定性，但发展潜力巨大。同时，他调整了投资组合的结构，引入了多种金融衍生品进行风险对冲。

在接下来的一段时间里，市场依然波动剧烈，但苏某的投资组合却展现出了强大的韧性。新兴产业的投资逐渐开始收获回报，风险对冲机制也有效地降低了潜在的损失。而那些依赖传统投资策略的投资者，却在市场的动荡中遭受了巨大的损失。

这次成功的实践，让苏某对小陈刮目相看，也让整个智囊团对哲学思维在投资领域的应用有了全新的认识。小陈从不同的哲学视角分析市场趋势和投资机会，在他的启发下，苏某在后续的投资决策中，更加注重从宏观的角度思考问题，不仅关注市场的短期波动，还着眼于长期的发展趋势。

要建立起与智者的良性交互，需要把握三个隐性维度。首先，提供独特信息棱镜，比如将考古发现转化为商业洞察，从历史的遗迹中挖掘出商业发展的新契机；其次，制造思维碰撞的火花，用跨界视角解构专业问题，打破专业领域的壁垒，让不同的思维相互交融；最后，充当认知实验的安全区，为那些尚未成熟的思想提供一个可以测试和完善的场域，让新的想法能够在安全的环境中成长和发展。

与智者的对话，仿佛是破解一份经过多重加密的文件，需要掌握深度对话的破壁术。王阳明的弟子钱德洪在记录《传习录》时，采用了"追问—静默—反刍"的三段式对话法。这种对话节奏，就如同中医针灸时的补泻之道，张弛有度。先通过追问，深入挖掘智者的思想；然后保持静默，给双方留出思考和消化的时间；最后进行反刍，对之前的对话内容进行回顾和反思。在对话中保持15%的沉默间隙，能够使智者的表达深度增加40%。沉默并非无话可说，而是为了更好地倾听和思考。某智库学者与诺贝尔奖得主交流时，惯用"二阶提问法"。他不会直接问"您如何看人工智能"，而是问"您认为人类对智能的定义局限在哪里"。这种提问方式，就像光学棱镜一样，能够将单一的问题分解为更为丰富的认知光谱，引导智者从更深层次去思考问题，从而挖掘出更多有价值的思想。

靠近智慧火源，就如同靠近熊熊燃烧的火焰，需要警惕认知灼伤，这就需要构建动态边界防护网。苏轼与佛印之间"八风吹不动"的公案，深刻揭示了与高人相处的临界点法则。我们既要积极吸收智者的能量，又必须保持自身思维的独立性。就像某企业二代接班时，刻意将顾问团分为质疑组与印证组。质疑组负责对各种决策和想法提出质疑，印证组则对合理的部分进行验证和支持。通过这种方式，在思想渗透与自身免疫系统之间建立起了缓冲带，既能充分吸收智者的智慧，又能避免被完全同化。物理学的磁畴理论也给予我们启示，个体的认知磁场既需要与智者的磁场部分同向，以实现思想的交流和共鸣，又要保留异向区域，防止被完全磁化，失去自我。定期进行"认知排异检测"，比如用第三方视角审视自己受智者影响的程度，是维持关系健康度的关键。只有这样，我们才能在与智者的交往中，保持自身的独特性和批判性思维。

终极的关系，是相互成就的认知共生，也就是成为智慧生态的共生体。朱熹与陆九渊在鹅湖之辩中，双方观点看似对立，一个主张理学，一个倡导心学。但实际上，这场辩论促使他们不断完善各自的理论体系，共同推动了中国哲学思想的发展。在当代，某院士实验室采用"逆师徒制"，资深学者定期向青年研究者学习新锐思维工具。这种模式就如同生态系统中的双向能量流动，实现了知识和思想的互补。就像珊瑚与虫黄藻的光合共生，珊瑚为虫黄藻提供生存环境，虫黄藻则通过光合作用为珊瑚提供能量。

与智者的深层联结，本质是借助他们的认知，完成自我迭代。从吕不韦集百家之长编撰《吕氏春秋》，到现代开源社区的协同进化，都说明了智慧传承的关键在于打造一个流动发展的认知环境。真正的智者从不会吝啬自己的思想，他们就像古波斯拜火教的圣火台，靠近者不仅能获得温暖，也能添柴续焰让火焰烧得更旺。当我们不再纠结如何跟智者维系好关系，而是把精力放在和他们一起探索新的认知领域时，那些曾经被我们仰望的智者，就会变成和我们一起在星空下并肩前行的探索者。

4. 垫得越高，看得越远

"站在巨人肩上"并非谦辞，而是人类认知跃迁的本质路径。鲜有人知，伽利略在1609年改良望远镜前，曾系统研究阿拉伯光学手稿长达七年之久。这一漫长的知识汲取过程，深刻地体现了选择知识源头的重要性。在人类知识发展的长河中，每一次重大的认知突破都离不开前人的积累与奠基，选择怎样的巨人，决定了我们能触摸怎样的星空。

元杂剧《赵氏孤儿》的法译本由法国传教士马若瑟翻译，于1735年首次在《中华帝国全志》中出版。这部作品以其复杂的故事情节、鲜明的人物性格以及高尚的道德精神吸引了欧洲文学家歌德的注意。在阅读《赵氏孤儿》的法译本后，受到其深刻影响和启发，并尝试将其改编为戏剧作品，这一过程激发了他对戏剧改革的思考，于1781年创作歌剧《爱尔潘诺》，试图将这部中国悲剧与欧洲的戏剧形式相结合，探索一种新的戏剧表达方式。

这一跨越时空、文化和艺术领域的知识传递，展示了知识的强大传播力与影响力。维基百科的词条编辑者永远不知道自己的修正会被哪位诺贝尔奖得主引用。在知识传播与发展的过程中，看似遥远的知识节点之间，往往存在着紧密的联系。当我们主动参与到知识的传播与交流中，积极吸收并分享知识，就能让知识在不同领域、不同人群中流动起来，创造出更多的创新可能。

哥白尼的伟大在于用日心说挣脱地心说引力场，伽利略的悲剧在于过度依赖教会权威。在追求真理和提升认知的道路上，与巨人相处需保持临界距离。过近容易丧失独立视角，就像特斯拉在与爱迪生共事时，被爱迪生的光环所压制，其交流电理论的推广和发展受到诸多阻碍，难以充分展现自己的创新思想；过远又会失去支撑基点，如某些民间科学爱好者，脱离了科学共同体的研究范式和理论基础，陷入空想，无法将自己的奇思妙想转化为有价值的科研成果。现代学术圈要求学者在继承与突破间保持一个微妙比例。某人工智能团队在深度学习框架中刻意保留15%非神经网络模块，既借力主流范式又守护创新火种，在主流深度学习神经网络方法的基础上，保留一定比例的其他模块，为可能的创新留出空间，最终在机器推理领域实现突破，正是这一理念的成功实践。

永乐大典编纂者们或许未曾想到，他们在15世纪整理的典籍会成为21世纪气候学研究的关键史料。知识的传承与发展就像一场漫长的接力赛，真正的智慧传承如同珊瑚礁的生长：每个个体既是前代骨骼的依附者，又是新生结构的缔造者。珊瑚虫不断在先辈的残骸上生长繁衍，构建出庞大而复杂的珊瑚礁生态系统。人类知识的传承也是如此，每一代人都在前人积累的知识基础上进行学习、创新和传承。

当你在巨人肩上刻下新的标高时，要确保这个位置能托起后来者的脚步——正如费曼在黑板留下未完成的公式，故意为未来智者预留解题空间，激励着后来者不断探索和前进，推动知识的边界持续拓展。

薛扬长期投身于芯片架构设计的研究，致力于提升芯片的算力密度，以满足日益增长的计算需求。然而，传统的设计思路逐渐陷入瓶颈，无论在架构优化还是材料创新上，都难以实现质的飞跃。一次机缘巧合，薛扬接触到了中国古代建筑典籍《营造法式》。这部诞生于北宋时期的著作，详细记载了古代建筑的模数体系，即通过标准化的尺寸单位，对建筑构件进行精确设计与组合，从而实现复杂建筑的高效建造。

于是，薛扬开始深入剖析《营造法式》中的模数体系，从基本模数的设定，到不同构件之间的比例关系，再到整体建筑结构的搭建逻辑，都进行了细致入微的研究。

在材料层面，他们研发出新型的纳米材料，以满足芯片对微小尺寸和高性能的要求；在数学模型上，运用复杂的算法来精确模拟和优化芯片内部的电路布局，确保各个模块之间的协同工作。

经过不懈努力，薛扬成功地将宋代《营造法式》的模数体系融入芯片架构设计。新的设计原则使得芯片的算力密度提升了3倍，这一突破不仅大幅提高了芯片的计算性能，降低了能耗，还为后续的芯片研发开辟了新的方向。众多科技企业纷纷借鉴这一创新思路，投入基于模数体系的芯片设计研究中。

知识是无边界的，每一个领域的知识都可能成为其他领域创新的源泉。薛扬将千年之前的建筑智慧传递到现代芯片科技中，让我们知道，积极拥抱不同领域的知识，将自己转化为信息的汇聚点和传播者，就能开启无限的创新可能。

筛选"巨人"的标准有三重：其一，具备可延伸的思维框架，就像爱因斯坦的相对论并非完全推翻经典力学，而是在其基础上进行了更宏观、更深入的拓展，包容了经典力学在低速、宏观世界的理论，使得后人能够在相对论的框架下继续探索宇宙奥秘；其二，留有供后来者攀登的缝隙，类似开源代码的可迭代性，开源代码允许全球开发者对其进行修改、完善和拓展，从而不断进化。那些伟大的学术理论和思想体系，若能为后人提供进一步思考和改进的空间，便能持续推动认知进步；其三，存在未被言明的暗知识，如中医典籍中蕴含的大量关于人体经络、气血运行的经验性知识，虽尚未被现代科学完全解析，但其中隐藏的规律和智慧，可能成为未来医学突破的关键。

从古老的亚历山大图书馆中存放的纸莎草卷轴，到如今现代云服务器里奔涌的数据洪流，回顾人类认知高度不断提升的历史，本质上就是一部各种知识和资源的借力史，每一代人都站在前人的肩膀上，不断探索和突破。

就像在亚历山大图书馆，无数珍贵的文献记录着当时人类各个领域的知识，这些知识成为后人继续探索的基石。而到了现代，云服务器中存储的海量数据，更是为人们获取信息、提升认知提供了极大的便利。如同 20 世纪巴黎的文学沙龙，作家们汇聚一堂，交流思想、分享创作经验。海明威在那里接触到乔伊斯的意识流写作手法，他从中汲取灵感，将这种独特的叙事方式融入自己的创作中。随后，海明威的作品又为马尔克斯的魔幻现实主义文学奠定了基础。这种知识和创作理念的传递与演变，充分展示了如何巧妙地借助他人的智慧，实现自身的突破和创新。

当我们下次引用某位先贤的名言时，不妨把这个行为看作在为自己的认知提升打造一块新的垫脚石。先贤们留下的智慧结晶，是他们一生思考和实践的成果。我们引用这些名言，不是简单地重复，而是要将其融入自己的思维体系，从中获得启发，为自己的成长助力。

真正伟大的智者，也就是那些被我们视为巨人的人，他们并不在意自己的肩膀被后人踩踏。他们的目光始终注视着更远处正在升起的新一代瞭望者，他们的目光始终望向远方。他们期待着后人能够站在他们的基础上，看得更远，取得更大的成就。

三、与同道者同行

1. 谁才是真正的同道者

新疆艾丁湖畔的棉农在长期的劳作中,掌握了一种特殊的识人术。艾丁湖周边的土地盐碱化严重,在这里种植棉花需要付出更多的努力。在播种季,棉农需要前往戈壁捡拾砾石,用于改良土壤,为棉花的生长创造条件。在这个过程中,真正的合作伙伴不是那些在丰收季承诺分担成果的人,而是愿意在播种季同往戈壁吃苦的人。

正如谚语所说:"真正的朋友会为你数清羊群,包括那些躲在岩缝里的羔羊。"真正的默契无须宣誓,就如同古波斯地毯的经纬线,在交织中显现出美丽而独特的图案。真正的同道者,不仅关注表面的利益,更会在意那些容易被忽视的内在价值,愿意为守护这些价值而付出努力。

同道者并非是完全相同的克隆群体,他们有着各自的想法和观点。真正可持续的同行关系,需要具备差异进化的兼容性。皮影戏作为一种古老的艺术形式,有着悠久的历史和丰富的传统剧目。然而,师傅在传授技艺时,会故意修改经典剧目的三处细节。唯有那些能够创新修补这些细节的学徒,才被认可为真正的传人。

在现代社会,硅谷某创业公社更将这种理念现代化。公社成员每年必须发起一个让同伴反对的项目。在这个过程中,成员们会面临各种不同的观点和质疑,通过理性的碰撞,他们能够突破自己的思维局限,保持认知活性。

在东京繁华喧嚣的街区一角，有一家不甚起眼的"樱之味"居酒屋。而让它顾客络绎不绝的是那些藏在一个个渍物缸里的美味。店主小林先生是一个对美食有着执着追求的人，他精心制作的渍物，成为了这家居酒屋的特色和灵魂所在。

常客们对这里的渍物更是情有独钟。他们有的是忙碌一天后来此放松身心，用渍物搭配清酒，驱散工作的疲惫；有的是和朋友相聚，分享着生活中的喜怒哀乐。久而久之，这些常客与小林先生之间，不仅仅是商家与顾客的关系，更像是朋友。

东京的台风季总是来得突然而猛烈。那一天，狂风呼啸，暴雨如注。小林先生望着窗外恶劣的天气，心急如焚，他最担心的就是后院那些装满渍物的大缸。这些渍物都经过长时间的腌制，一旦被雨水浸泡或被大风刮倒，将是巨大的损失。

就在小林先生焦虑万分的时候，一群人正冒着风雨，向着居酒屋赶来。原来，常客们在得知台风来袭的消息后，不约而同地想到了居酒屋的渍物缸。有公司职员、自由职业者，还有退休的老人，尽管职业不同，但此刻有着共同的目标。

此时的后院已经开始积水，常客们顾不上休息，有的用沙袋筑起防线，有的则小心翼翼地将缸搬到安全的地方。经过几个小时的努力，所有的渍物缸都被妥善安置，让小林先生看到了什么是愿意为他人守护那些看不见的价值。

在社会心理学中，隐形承诺理论揭示了一个现象：即使人们在表面上共享相似的价值观，他们也可能在深层次上存在显著差异，这种差异可能导致合作中的冲突和误解。因此，识别真正的同道中人需要建立一个三维评估矩阵，以全面评估个体或群体之间价值观的一致性。

核心频率是指个体或群体所坚持的最基本、不可妥协的价值观。例如，在环保主义者群体中，极端动保者和可持续开发者虽然都关注生态问题，但极端动保者可能将动物权益视为绝对优先的价值，而可持续开发者则更注重生态与经济的平衡，这种核心频率的差异可能导致他们在合作中出现分歧。

波动振幅反映了个体或群体在实践中贯彻其价值观的强度。即使两人在核心价值观上一致，但如果一方在实践中表现出极高的热情和投入，而另一方则相对消极，这种差异也会导致合作中的摩擦。

相位差容限是指个体或群体在面对价值观冲突时所采取的解决方式。一些人可能倾向于妥协和协商，而另一些人则可能坚持己见，甚至采取对抗性的方式，这种差异在合作中若不能妥善处理，可能导致关系破裂。

为了促进群体合作，成员之间的专业背景差异度应控制在一定范围内，通常建议为30％至50％。这种差异梯度类似于交响乐团的配置原理，通过合理搭配不同专业背景的成员，既能发挥各自的优势，又能保持整体的协调性。在群体合作中，冲突是难以避免的，为了有效处理冲突，可以尝试将争论转化为系统升级的契机。这种方法通过量化异议的权重，帮助群体更好地理解不同意见的价值，从而促进问题的解决。

撒哈拉驼队不在白昼观察步伐，而在深夜观测星辰方位。当商旅围坐篝火时，真正的同道者会不约而同将茶壶转向北斗星方向——这个动作不涉及任何语言交流，却验证了方向感的高度契合。某书店即将打烊，大部分顾客都已离去，而留到最后的顾客总会自发地整理歪斜的书脊。没有任何利益驱使，完全由于这些人内心对秩序的共同执念。在这个快节奏的商业社会中，这种对细节和秩序的共同追求，比任何商业契约都更具说服力。它表明这些人在价值观上高度一致，能够在工作中相互理解、相互支持，共同为实现目标而努力，如同萤火虫的同步发光现象，当每个成员保持独特频率却又共振于共同目标时，便能照亮单一个体永远无法抵达的疆域。

2. 同道者助你实现目标

非洲象群迁徙时，老象凭经验预判水源位置，青年象负责探路验证，幼象群居中受护。这种分工明确的协作模式，不仅保障了象群在迁徙过程中的生存，更体现了经验的传承与延续。老象将经验传递给青年象，青年象在实践中成长，又将保护和引导幼象的责任扛在肩上。象群在不同年龄段的优势互补与协作中，实现共同的目标。

社会心理学中的集体智慧效应指出，异质化群体在解决问题时的能力往往能够超越群体中最聪明的个体。这种效应的核心在于群体成员的多样性，这种多样性不仅体现在成员的背景、知识和技能上，还体现在他们看待问题和解决问题的思维方式上。例如，在一个团队中，成员可能来自不同的专业领域，拥有不同的经验，这种差异使得他们在面对复杂问题时能够从多个角度提出解决方案，从而提高整体的决策质量和问题解决效率。

诺贝尔经济学奖得主埃莉诺·奥斯特罗姆的公共池塘资源理论进一步证明了异质群体在共同目标下的合作潜力。她通过对小规模公共池塘资源的研究，发现当群体成员拥有共同目标时，即使他们之间存在显著的异质性，也能够通过自主治理的方式创造出超线性价值。公共池塘资源是指那些既非完全私有也非完全公共的资源，它们具有非排他性和可耗损性的特点，例如森林、渔业和灌溉系统。在传统理论中，这类资源往往被认为会陷入公地悲剧，即个体的自私行为会导致资源的过度消耗和枯竭。然而，奥斯特罗姆的研究表明，通过建立适当的制度安排和治理规则，群体成员可以克服机会主义行为，实现资源的可持续利用。

在实践中，异质化群体的集体智慧效应和公共池塘资源理论都强调了多样性和合作的重要性。通过整合不同背景、知识和技能的成员，群体能够更好地应对复杂问题，创造出超越个体能力的集体价值。这种合作不仅能够提高问题解决的效率，还能够促进群体成员之间的相互学习和成长，进一步提升群体的整体能力。

萌二，一位充满活力与创新精神的九五后，在直播电商领域摸爬滚打多年，积累了丰富的线上营销经验。他对新兴的数字化营销手段了如指掌，凭借独特的直播风格和敏锐的市场洞察力，在直播界崭露头角。而马瑞东则是一位深耕传统外贸行业三十余年的资深厂长，他的工厂主要生产各类家居用品。多年的行业经验，让他对供应链管理有着深刻的理解和精湛的把控能力。

一次偶然的行业交流活动让二人相遇。彼时，马瑞东的工厂正面临着传统外贸业务增长乏力的困境，急需寻求新的发展路径。而萌二也深知，要想在跨境电商领域取得更大的突破，完善的供应链体系是必不可少的。于是两人一拍即合，决定携手合作。

合作初期，困难重重。马瑞东的团队习惯了传统的外贸模式，对数字化营销的理念和方法感到陌生和抵触。萌二耐心地组织培训，从基础的直播技巧、社交媒体运营，到数据分析与精准营销，亲自示范如何打造吸引人的直播内容，如何与海外消费者互动，提升品牌知名度和产品销量，一点点地为团队成员打开数字化世界的大门。

与此同时，马瑞东也毫不吝啬地将自己多年积累的供应链管理精髓传授给萌二和他的团队。从原材料采购的成本控制，到生产流程的优化，再到物流配送的高效安排，每一个环节都进行了细致的讲解和指导。在马瑞东的帮助下，萌二团队对供应链的运作有了更深入的理解，能够更好地协调各环节，确保产品的质量和供应的稳定性。

　　在双方的共同努力下，他们的合作逐渐步入正轨。经过两年的拼搏，成功孵化出37个跨境独角兽项目。这些项目涵盖了家居用品、电子产品、时尚服饰等多个领域，通过数字化营销手段，迅速打开了海外市场。例如，他们推出的一款智能按摩枕，通过萌二团队精心策划的直播推广，在短短一个月内，销量突破了十万件，成为了跨境电商平台上的爆款产品。而这背后，离不开马瑞东团队在供应链端的全力支持，确保了产品的及时供应和良好品质。二人的合作，不仅实现了传统外贸商的数字化转型，也为跨境电商的发展注入了新的活力。

　　Linux开源社区的成功堪称开源领域的典范，它汇聚了全球4300名背景千差万别的开发者。其中，有来自顶尖科技企业的资深工程师，凭借在大型项目中积累的深厚技术功底，为Linux内核带来前沿的算法优化思路；也有高校科研团队的成员，基于学术研究的探索精神，注入创新性的理论成果；甚至还有众多独立开发者，凭借着对开源技术的热爱和个人独特的编程视角，为社区贡献代码。这些开发者通过互联网跨越地域和行业的界限，形成了高效的"蜂群式协作"。而内核维护者采用的"信任链"机制，更是这一成功背后的关键保障。

　　每位贡献者提交的代码和创新成果，都需要获得三位不同领域专家的交叉验证。比如，一位擅长系统架构的专家负责从整体架构的合理性角度审视，一位专注于代码安全的专家从信息安全层面把关，还有一位精通性能优化的专家评估其对系统性能的影响。通过这种多维度、全方位的验证,在保障创新活力的同时,维持了Linux内核的稳定性,使其能够在不断迭代中保持强大的生命力。

在追求目标的过程中,与同道者合作是实现高效能的关键,而明确目标所需的能力维度是至关重要的一步。通过细致分析目标的复杂性和多样性,我们可以清晰地列出实现目标所需的各种能力。为了最大化合作的潜力,应刻意寻找与自己能力重叠度不超过40%的伙伴。这种策略能够确保团队成员之间的能力互补,避免资源和精力的过度集中。

当成员的能力维度具有显著差异时,团队能够更全面地覆盖目标所需的各种技能和知识,从而在面对复杂问题时提供多元化的解决方案。例如,一个创新项目可能需要技术开发、市场营销、用户体验和财务规划等多方面的能力。如果团队成员的能力高度重叠,可能会导致某些关键领域被忽视,而寻找能力差异较大的伙伴,可以有效填补这些空白,提升团队的整体效能。

在合作过程中,分歧和争论是不可避免的,关键在于如何将这些分歧转化为推动认知升级的燃料。每周进行结构化辩论是一种有效的方法。通过设定明确的议题和辩论规则,团队成员可以在一个有序的环境中表达各自的观点和见解。这种辩论不仅能够帮助成员更好地理解彼此的立场,还能够促使他们在面对不同观点时重新审视和调整自己的认知。

同时,在辩论的过程中,成员需要倾听、思考和回应,这种互动能够激发新的思路和创意。例如,当团队成员在项目的方向或策略上出现分歧时,结构化辩论可以促使他们深入分析问题的本质,从而找到更具创新性和可行性的解决方案。通过这种方式,团队不仅能够解决分歧,还能够将这些分歧转化为推动项目前进的动力。

为了促进团队的成长,成员需要不断拓展自己的知识边界。每月贡献3%的非专业领域知识是一种简单而有效的策略。这意味着每个团队成员都需要在自己的专业领域之外,学习和分享一些新的知识和技能。这些非专业领域的知识可以来自不同的行业、学科或兴趣爱好,可以为团队带来新的视角和思维方式。通过这种方式,团队能够逐渐培育出跨界创新的土壤。例如,一个工程师可能分享他在艺术领域的兴趣,而一位市场营销人员可能带来对新兴科技的见解。这种知识的交叉融合能够激发新的创意和解决方案，帮助团队突破传统思维的局限。

真正的群体智慧并非仅仅是群体成员个体能力的简单叠加，而在于通过协作与互动，催生出一种超越个体总和的"涌现效应"。这种效应源于群体成员之间的互补性、协同性和创造性，使群体在面对复杂问题时能够展现出远超个体的智慧和能力。这种效应不仅体现在问题解决的效率上，还体现在群体对复杂系统的深刻理解和创新性应对能力上。它强调了群体合作中整体大于部分之和的价值，揭示了群体智慧的核心在于成员之间的动态互动和协同进化。

3. 处理分歧，相互激励

来自不同国家的医疗队在撒哈拉救援时，通过每日晨会重申"生命优先"原则，将文化差异转化为新的救治方案。麻醉师拥有先进的现代医学知识，与当地巫医合作，开发出结合现代镇痛剂与传统仪式的无痛疗法。不同国家的队员有着各自独特的文化背景、语言、信仰、医疗理念等方面的差异不可避免。但这些差异并没有成为阻碍，反而成为了救治方案创新的源泉。

社会认同理论指出，共享目标能够显著减少群体内的非必要冲突。当群体成员对共同目标的认知达成一致时，原本可能引发分歧的因素将不再是对立的根源，而是转化为路径优化的讨论焦点。这种一致性使得团队成员将注意力集中在如何实现目标，而非纠结于个体差异或利益冲突。例如，在项目管理中，明确且共享的目标能够让团队成员理解彼此的角色和贡献，从而减少误解和冲突。此外，当群体成员对共同目标有清晰且一致的认知时，他们更倾向于通过合作和协商来解决问题。这种基于共享目标的合作模式不仅提高了团队的凝聚力，还促进了群体智慧的涌现，使得团队能够更高效地实现目标。

宏远机械制造公司的机械工程师刘成是个典型的技术派，整日沉浸在机械原理、精密设计中，对公差精度有着

近乎苛刻的追求，认为只有极致的技术才能打造出完美的产品。而销售总监王雪，作为市场派的核心人物，她关注的是客户需求、成本核算以及市场份额，坚信只有满足市场需求，产品才有出路。但技术与市场就像企业发展的左右翼，缺一不可。

一次公司的战略研讨会上，双方的矛盾彻底爆发。刘成力主研发高精度、高性能的机床，却忽略了过高的成本可能使产品在市场上缺乏竞争力。王雪则强调要以客户成本为导向，降低产品价格，提高市场占有率，这又被刘成认为是对技术标准的妥协。会议一度陷入僵局，公司高层决定，让双方互换角色，深入了解对方的专业领域，再重新商讨研发方向。

刘成被迫学习客户成本核算，那些复杂的财务术语和成本分析模型让他头晕目眩。但他也只能放下技术人员的架子，向财务和销售部门的同事虚心请教。王雪也没轻松到哪去，公差精度这些对她来说晦涩难懂的概念，需要花费大量时间去理解。她走进生产车间，与技术工人交流，观看机床的生产过程，逐渐明白公差精度对产品质量的重要性。

在学习过程中，刘成开始理解，成本控制不仅是降低价格，更是优化资源配置，提高产品性价比；王雪也意识到，公差精度直接影响产品性能，是满足客户高端需求的关键。

随着对彼此领域的深入了解，他们发现技术与市场并非对立。刘成在设计机床时开始考虑成本因素，优化设计方案，减少不必要的高精度要求，降低生产成本。王雪则根据市场调研为刘成提供客户对机床性能的具体需求，帮助他明确研发方向。

经过数月的努力，他们共同催生出了革命性的模块化机床。这种机床既满足了客户对成本的要求，又通过模块化设计保证了高精度和高性能，能够根据客户的不同需求进行灵活配置。产品一经推出，迅速在市场上获得了巨大成功，为公司带来了丰厚的利润。

在追求目标的过程中，将抽象的目标分解为可感知的里程碑是一种高效且实用的方法。通过将宏大而模糊的目标拆解为一系列具体、可衡量的阶段性成果，团队成员能够更清晰地理解目标的实现路径，并在每个阶段获得明确的成就感。这种分解不仅有助于减少因目标过于遥远而产生的焦虑感，还能让团队在达成每个里程碑时获得动力和信心，进一步推动目标的实现。

为了促进团队成员之间的相互理解和协作，每月随机调岗体验同伴的工作场景是一种极具价值的实践。通过这种方式，成员能够深入了解不同岗位的工作内容、挑战和价值，从而打破部门之间的隔阂，增强团队的凝聚力和整体感。这种角色互换不仅能够提升成员的综合能力，还能让他们在回到原岗位时，以更全面的视角看待工作，提出更有针对性的建议和改进方案。

确保团队的精力和资源始终聚焦于核心目标，避免因无关或偏离目标的提议而导致的资源浪费和方向偏离。当成员提出新的想法或建议时，要求他们清晰地阐述这些提议如何与团队的核心目标相契合，不仅有助于团队快速评估其价值，还能促进成员在思考问题时始终保持目标导向。这种规范也能够强化团队成员对核心目标的认同感和责任感，使他们在日常工作中始终保持对目标的专注和追求。

在团队合作中，分歧难以避免。一种有效的方法是将分歧点标注在"事实—价值—利益"三维坐标系中，以清晰地识别分歧的本质。在事实维度上，分歧可能源于对客观情况的不同理解或信息不对称；在价值维度上，分歧可能源于成员对某一问题的道德、伦理或优先级的不同看法；在利益维度上，分歧则可能源于成员对个人或团队利益的不同考量。

团队成员往往从自身利益出发看待问题，而转译能够帮助成员理解他人的观点背后的利益诉求。在团队讨论中，每位成员陈述观点后，由指定人员将其观点转译为其他成员的利益语言，是一种有效促进理解和共识的方法。团队成员能够站在对方的立场，并找到共同利益的交集。

在面对对立方案时，可以尝试将其打散为要素并重新拼合。对立方案往往代表着不同的利益诉求和价值取向，但它们并非不可调和。通过将对立方案拆解为具体的要素，团队可以深入分析每个要素的优势和劣势，并在此基础上重新组合这些要素，创造出全新的解决方案。

如同机械钟表的齿轮咬合，真正的协作群体既需要精确咬合的激情，又依赖弹性空间的智慧。处理分歧的最高境界，是让每一次观点碰撞都成为系统升级的契机。当晨跑的创业搭档为融资策略争执不休，却在不自觉中调整步伐保持并肩，这便是理想协作的终极体现——在动态平衡中持续向前。

4. 寻找更多的同道者

林农通过葡萄酒商结识意大利家具设计师，将传统瓶塞废料转化为环保建材，形成跨产业同盟。教师利用渡船乘客的短暂接触，逐步构建覆盖200个水上社区的教育共同体，验证了"流动节点"的联结价值。在社会网络中，流动节点通过短暂或非正式的接触，通过将不同方向或类型的流动相互连接，将不同的社交圈层或群体连接起来，实现信息、资源或功能的传递与整合，从而发挥联结价值。

斯坦福大学教授马克·格兰诺维特提出的"弱连接优势"理论颠覆了传统社会学中对紧密关系的过度依赖，指出松散的社会关系往往比紧密联系更能带来新机会。这一理论的核心在于，弱连接能够跨越不同的社交圈子，传递非重复性的信息，从而为个体或群体带来更丰富和异质性的资源与机会。最新研究进一步表明，通过3~5层弱连接触达的潜在同道者，其认知互补性比直接社交圈高4倍。这意味着，通过弱连接建立的间接关系能够有效弥补个体或团队在知识、技能和经验上的不足，为创新和合作提供更广阔的空间。

弱连接的优势在于其能够促进不同群体之间的信息流通和资源共享。

例如，在职业发展领域，人们往往通过弱连接获得意外的工作机会或职业建议，因为这些关系能够将个体与更广泛的社交网络连接起来。此外，弱连接在城市治理、疾病传播控制等领域也显示出其独特价值，通过长程强边的策略，能够更有效地识别和整合不同区域的资源，提升治理效能。

音乐人阿离一直怀揣着对音乐的热爱与追求。一次，阿离在整理旧物时，看到了一堆废弃的地铁卡。阿离的脑海中突然闪过一个大胆的想法：能否将这些废弃地铁卡改造成乐器呢？

说干就干，阿离凭借着自己对音乐和乐器构造的独特理解，开始反复试验不同的切割、拼接方法，试图从这些看似普通的塑料卡片中挖掘出独特的音色。在这个过程中，阿离遭遇了无数次的失败，有的卡片在切割时断裂，有的拼接后无法发出理想的声音。经过一段时间的努力，阿离终于成功地用废弃地铁卡制作出了几件别具一格的乐器，这些乐器发出的声音清脆、独特，仿佛带着城市的记忆与故事。

阿离带着自己用废弃地铁卡制作的乐器，在城市的街头巷尾进行表演，吸引了众多路人的目光，其中就包括材料学家彭鹭。他从专业的角度看到了这些废弃地铁卡乐器背后更大的价值。彭鹭主动找到阿离，表达了自己想要加入的想法。

后来，他们共同成立了一个小型的声学实验室。彭鹭运用自己在材料学方面的专业知识，对废弃地铁卡的材质进行深入研究，试图找到更合适的改造方法，以提升乐器的音质和稳定性。阿离则凭借自己的音乐才华，不断尝试新的演奏方式和音乐创作，将这些独特的乐器融入各种音乐风格中。

随着研究的深入,他们发现废弃地铁卡不仅可以制作乐器,还能在其他领域发挥作用。他们开始探索将废弃地铁卡与其他城市废物进行组合利用,重构城市废物价值链。例如将废弃地铁卡与废弃的木材、金属等结合,制作出兼具实用价值和艺术价值的家居装饰品。这些产品一经推出,就受到了市场的热烈欢迎,不仅为城市废物找到了新的出路,还创造了可观的经济效益。

剑桥大学的研究团队发现,传统的兴趣匹配模式虽然能够快速建立联系,但也容易导致群体内部的单一化和封闭性,限制了多样性和创新的可能性,会强化群体的同质化。为了打破这种局限,研究提出了"逆向筛选"的方法,即通过寻找与自身兴趣或背景差异较大的个体或群体来建立联系。

每月参加一个陌生领域的基础体验课,这种跨领域的学习能够帮助个人打破知识的局限,开拓新的思维方式。例如,通过参与不同领域的课程,个人可以接触到新的行业动态、技术应用和思维方式,从而为自身带来新的启发和创新思路。

利用社交网络分析工具识别朋友的朋友中的潜在价值链接。社交网络分析工具能够帮助我们通过量化和可视化的手段,分析和预测社交网络中的潜在连接。例如,通过分析朋友的朋友圈,可以发现那些与自己有间接联系但尚未建立直接关系的潜在伙伴。

观察潜在对象在非目标领域的决策模式,可以帮助我们识别那些在不同情境下表现出独特思维和行为模式的个体,可以发现其潜在的创新能力和适应性,这些特质在跨领域合作中往往比单一领域的专业技能更具价值。

寻找同道者不再是简单的社交扩展,而是打造可持续的智慧生态,真正的同道网络应在差异中孕育新物种。当东京的寿司学徒开始用分形几何解构醋饭密度,当里约贫民窟的涂鸦师与卫星工程师共创城市热力图,这种跨越认知维度的联结,正是人类文明进化的新希望。最终,我们寻找的不仅是同行者,更是共同进化的生态伙伴。

5. 亦敌亦友的平衡

NBA球队休赛期联合集训,共享体能训练方案却保密战术细节。金州勇士队与波士顿凯尔特人队合作研发运动损伤AI预测模型,常规赛仍激烈对抗。这种"训练池模式"实现资源共享与合作研发,在不削弱竞争本质的前提下,提升整体的竞争力和可持续性,使球员平均职业生涯延长2—3年,体现了良性竞合关系中竞争与合作的黄金分割点。

犀牛鸟为犀牛清理身上的寄生虫和死皮,提供清洁服务,同时犀牛鸟也获得了丰富的食物来源,犀牛则为犀牛鸟提供了安全的栖息地;蜜蜂从花朵中采集花蜜作为食物,而花朵则借助蜜蜂的活动传播花粉,完成繁殖。这种互利共生关系不仅满足了食物需求,还帮助植物实现了生存和繁殖。

自然界中,物种通过差异化策略降低直接竞争,实现共生共存。在人类社会和商业环境,通过寻找差异化的竞争优势,个体或组织可以在竞争激烈的环境中找到独特的生存和发展空间。差异化还能通过互补性创造更大的价值。例如，企业可以通过差异化的产品或服务，满足不同客户群体的需求，从而在市场中获得更大的份额。

竞争偏见往往源于敌对归因偏差，即个体在情境不明确时，倾向于将他人的行为或意图解释为敌对或攻击性的。这种偏差会导致过度反应和冲突，阻碍有效的沟通与合作。哈佛商学院的研究表明，良性竞争能够显著提升合作效率。在团队或组织中，适度的竞争可以激发成员的潜能，促使他们更加努力地工作，同时也能促进团队内部的创新和效率提升。通过在竞争中寻找合作的机会，团队成员可以实现优势互补，共同推动项目或目标的达成。

健康竞合关系的关键在于找到竞争与合作的黄金分割点。这种平衡需要在追求自身利益的同时，关注与合作伙伴的协同效应。在商业领域，企业通过建立战略联盟或合作伙伴关系，可以在竞争中实现资源共享和优势互补。例如，通过合作开发新技术或共同开拓市场，企业可以在竞争中获得更大的发展空间，同时也能为合作伙伴创造价值。这种竞合关系不仅有助于提升个体或组织的竞争力，还能推动整个行业的创新和发展。

云南凭着得天独厚自然条件的土地，孕育出了品质优良的咖啡。然而在国际咖啡市场，云南咖啡一直难以崭露头角。为了提升云南咖啡的整体品质和国际竞争力，云南咖啡种植联盟应运而生。

联盟成立后，为了激发成员的创新活力，同时实现资源的优化配置，推出了一项独特的举措——允许成员竞标"风味实验田"。这些实验田被精心挑选出来，土壤、气候等条件都有所差异，为咖啡种植的创新实验提供了良好的基础。但联盟也有明确规定，凡是参与竞标的成员，必须毫无保留地共享种植数据，旨在通过合作与知识共享，推动整个联盟的进步。

庄园主郭子耀一直致力于探索独特的咖啡种植和发酵

方法，希望能让云南咖啡在国际舞台上大放异彩。他不断尝试不同的种植技术和发酵工艺。经过无数次的失败，郭子耀终于研发出了阴湿发酵法。采用这种方法处理的咖啡豆，不仅具有独特的风味，口感也更加醇厚。

发酵法一经推出，便在联盟内引起了轰动。其他庄园主纷纷前来学习取经，其中一位竞争对手在学习的基础上，结合自己的种植经验，对阴湿发酵法进行了改良。这位庄园主发现，在特定的发酵阶段加入一种特殊的微生物，可以进一步提升咖啡的风味和香气。

郭子耀并没有将改良后的方法据为己有，而是选择将其分享给整个联盟。因为只有整个联盟的咖啡品质都提升了，云南咖啡才能在国际市场上获得更大的竞争优势。

在接下来的三年里，云南咖啡凭借着不断创新的种植和发酵技术，品质得到了显著提升。在国际咖啡评级中，云南咖啡的评级实现了三年跃升两级的惊人成绩，这一成绩让整个国际咖啡市场都为之侧目。云南咖啡逐渐在国际市场上站稳了脚跟，赢得了越来越多消费者的认可和喜爱。

在竞争与合作并存的环境中，清晰地标定自身与对手的核心优势区间是实现有效策略布局的基础。通过深入分析自身与对手的优势所在，可以明确双方在资源、能力、技术或市场等方面的相对强弱。这种分析不仅有助于识别自身的核心竞争力，还能发现潜在的合作机会。例如，企业 A 在技术研发方面具有领先优势，而企业 B 则在市场渠道上更具竞争力。通过标定这些优势区间，双方可以在非核心领域开放资源，实现互补合作，从而提升整体竞争力。这种策略不仅能够避免在核心优势上的直接竞争，还能通过资源共享实现双赢。

通过在非核心领域开放资源，企业或个体都可以在不影响自身核心竞争力的前提下，拓展合作空间，获取更多的资源和机会。例如，企业可以将非核心业务外包给合作伙伴，从而集中精力发展自身的核心业务。

这种开放不仅能够优化资源配置，还能通过合作提升效率和创新能力。同时，在非核心领域开放资源也为双方提供了相互学习和借鉴的机会，进一步促进双方的成长和发展。通过这种方式，企业或个体能够在竞争激烈的环境中找到新的增长点，实现可持续发展。

站在对手的角度思考问题，用对手视角重审自身决策，可以更全面地评估自身决策的优劣，发现潜在的风险和机会。例如，在市场竞争中，企业可以通过分析竞争对手的策略，调整自身的市场定位和产品策略。这种视角转换能够帮助企业在竞争中保持敏锐的洞察力，及时发现对手的弱点和市场的空白点。同时，用对手视角重审决策也有助于企业避免盲目自信和故步自封，从而在竞争中保持灵活性和适应性。通过这种方式，企业能够在复杂多变的环境中更好地应对挑战，实现长期的稳定发展。

同时可植入双重认知框架，即通过激活两种不同性质的认知系统来平衡判断：一种是快速、直观的"系统1"，另一种是缓慢、反思性的"系统2"。在面对潜在的敌对情境时，借助系统2的反思性思维，对系统1产生的敌对判断进行重新评估，从而减少敌对归因偏差，促进更理性和客观的认知。

从非洲草原猎豹与鬣狗的领地博弈，到硅谷科技巨头既诉讼又联合研发的复杂关系，自然与商业社会共同印证：最高明的生存智慧在于保持对抗中的共振。正如日本剑道的切返训练——对手的竹刀既是威胁，亦是精进技法的镜子。真正的竞合之道，是将对手化为另一种形态的共生体，在张力中孕育超越个体的可能性。